ISBN 978-3-662-23025-1   ISBN 978-3-662-24986-4 (eBook)
DOI 10.1007/978-3-662-24986-4

Systematische Bewegungen der Sterne im Orion=Nebel

Von

k. M. **Konradin Ferrari d'Occhieppo** und **Ernst Göbel**

(Mit 1 Abbildung)

(Vorgelegt in der Sitzung am 10. Dezember 1969)

Summary

On Systematic Trends of Stellar Motions within the Orion Nebula

I. A systematically homogeneous catalogue of proper motions (p.m.) in a field 80′ in diameter around θ^1 C Orionis had to be constructed. By intercomparison of the p. m. of all suitable stars in common to existing catalogues, both the relative weights and the parameters of reduction are evaluated. For good reasons our system of quasi-relative p.m. is based on carefully weighted means of p.m. taken from Parenago's on the one hand, the "relative" p.m. derived by Meurers and Sandmann on the other: intermediate system K 1. Then the "absolute" p.m., determined by the latter authors, are reduced to and unified with the same system, thus forming the intermediate system K 2. Finally, after appropriate reductions, Strand's catalogue is equally incorporated.

II. Among 33 absolute p.m. from meridian circle observations within the field under discussion, at least eight seemed to be spurious when compared with the individually much more precise K 2-values. The remaining ones showed much greater accidental deviations in RA than in δ, where, after a rediscussion of the final results, remained only two extremely great deviations. Hence we decided to ignore the rather great systematic reductions of scale and orientation of our p.m. that were suggested by the former ($\Delta \mu_x$) alone, without any confirmation by the latter ones ($\Delta \mu_y$). This procedure has been justified by an analysis of the p.m. of 38 probably foreground stars with p.m. between $1\overset{''}{.}5$ and $7''$ per century. The systematic motions found in this sample are in fair agreement with the expected effect of parallactic motion. The resulting catalogue of p.m. of 319 stars is referred to as K 4, since it is intended to fit systematically the FK 4.

III. As p.m. of the cluster's center of gravity we assumed the mean value of 77 stars within 380″ from θ^1 C Ori, those with $|\mu| \geq 1\overset{''}{.}5/100^a$ being excluded. Thus we hope to minimize the influence of undetected non-members, and to smooth out the divergent internal motions. Yet, the resultant, $0\overset{''}{.}25/100^a$ in position angle 50°, is of the same order of magnitude as the inevitable uncertainty of the reduction to absolute p.m. (c. II.). Fortunately, this does not affect the internal motions, which we transformed individually into polar coordinates with respect to the center of gravity before taking means over circular segments, tentatively formed in two different ways, quadrants and sextants of three concentric rings. The preponderance of a clock-wise angular velocity increasing towards the center is clearly seen from Table 4, whilst neither overall expansion nor contraction is indicated.

Einleitung

Seit der umfangreichen Monographie über die Sterne im Bereich des Orion-Nebels von P. P. Parenago (1954), die unter vielem anderem auch einen Katalog aller damals erreichbaren Eigenbewegungen enthält, sind auf Grund unabhängigen Beobachtungsmaterials Eigenbewegungen (künftig abgekürzt: E. B.) im engeren Umkreis des Trapezes von K. Aa. Strand (1958) und in einem beträchtlich weiter ausgreifenden Areal von J. Meurers und H. J. Sandmann (1963) veröffentlicht worden. Die Resultate, zu denen die eben genannten Autoren hinsichtlich systematischer Bewegungstendenzen — Rotation und Expansion — gelangt sind, konnten bisher quantitativ kaum miteinander verglichen werden. Denn die drei Untersuchungen beziehen sich auf verschieden weit ausgedehnte Areale und die Genauigkeit der Beobachtungen wie auch die Art ihrer Bearbeitung weisen erhebliche Unterschiede auf. Eine vorläufige Untersuchung des einen von uns (Ferrari 1967) hatte zudem die Vermutung bestätigt, daß neben den unvermeidlichen zufälligen Abweichungen auch beträchtliche systematische Unterschiede zwischen den Eigenbewegungskatalogen der genannten Autoren bestehen. Es war daher zu erwarten, daß das vorhandene Material durch Homogenisierung und Zusammenfassung in ein einheitliches System an Wert gewinnen und bessere Einblicke in die wirklichen Bewegungsverhältnisse innerhalb des Haufens ermöglichen würde.

Die vorliegende Arbeit umfaßt daher drei Hauptteile, nämlich

I. die Homogenisierung der vorhandenen E. B.-Kataloge mit Hilfe der ihnen gemeinsamen Sterne zu einem einheitlichen System quasi-relativer E. B., wobei sich für die von mehreren Autoren gemessenen Sterne auch eine individuelle Verbesserung der Einzelwerte ergeben wird;

II. den für Fragen nach Rotationsperiode, Expansionsalter und Bewegung des Haufenschwerpunktes unerläßlichen Absolutanschluß;

III. die Untersuchung der so erhaltenen E. B. auf reelle systematische Bewegungstendenzen innerhalb des Haufens.

I. Homogenisierung der relativen Eigenbewegungen

Parenagos Katalog enthält E. B., deren Genauigkeit in sehr weiten Grenzen verschieden ist. Nur in einem kleinen Teil des hier zu untersuchenden Feldes sind jene konzentriert, die er auf eine Dezimale genauer als die übrigen, nämlich auf $0\rlap{.}''01/100^a$ mit individuellen Fehlern meist unter $\pm\ 0\rlap{.}''20/100^a$ angibt; wir werden diese Gruppe künftig kurz als „P1" zitieren. Die meisten anderen mit den Bonner Katalogen (siehe unten!) gemeinsamen Sterne haben bei Parenago mittlere Fehler der hundertjährigen E. B. zwischen $0\rlap{.}''20$ und $0\rlap{.}''30$ in jeder Koordinate; dies sei die Gruppe „P2". In beiden Fällen handelt es sich um die Ergebnisse einer bereits vorausgegangenen Kompilation aus mehreren Einzelbeobachtungen.

Die Arbeit von K. Aa. Strand beruht auf photographischen Aufnahmen mit dem Yerkes-Refraktor (rund 19 m Brennweite) aus einem fast 50jährigen Zeitraum. Die meisten Sterne wurden dort auf einer größeren Anzahl von Plattenpaaren — der Durchschnitt liegt bei etwa 7 pro Stern — gemessen. Die daraus erhaltenen E. B. sind daher an innerer Genauigkeit allen anderen weit überlegen. Dennoch konnten sie nicht die Grundlage der Homogenisierung bilden, weil das brauchbare Feld des Yerkes-Refraktors nur einen kleinen Teil des ganzen hier untersuchten Areals umfaßt.

Die Veröffentlichung von Meurers und Sandmann vereinigt in sich zwei voneinander nahezu unabhängige Kataloge absoluter und relativer E. B., beruhend auf 3 alten und 4 neueren Aufnahmen mit dem Bonner Doppelrefraktor (Brennweite über 5 m) bei rund 60jährigem Zeitintervall; eine der drei alten Aufnahmen wurde in unabhängiger Messung für beide Kataloge verwertet, die wir im folgenden kurz als

„Ba" (= Bonn, absolut) und „Br" (= Bonn, relativ) zitieren. Mit nur 21 Ausnahmen enthalten beide die selben Sterne. Das erfaßte Areal hat einen Halbmesser von reichlich 40' um das bekannte „Trapez", und man darf annehmen, daß die relativen E. B. innerhalb dieses Feldes keine erheblichen Inhomogenitäten aufweisen werden. Daher wurde das System „Br" zum Ausgangspunkt für die Erstellung eines homogenen Systems von E. B. gemacht, die wir „quasi-relativ" nennen wollen, weil zwei andere hineinverarbeitete Kataloge ihrer ursprünglichen Absicht nach als „absolut" gedacht waren, während unser Absolutanschluß einen von jenen möglichst unabhängigen Versuch darstellen sollte.

Von der Vergleichung der drei bzw. vier Systeme, Br, Ba, P (1, 2), vorläufig ausgeschlossen und erst nachträglich mit entsprechender Reduktion in den Gesamtkatalog aufgenommen wurden jene 9 Sterne, die zwar in beiden Bonner Katalogen enthalten sind, im Katalog von Parenago aber je E. B.-Komponente größere mittlere Fehler als $\pm$ 0^{s}30/100^{a} aufweisen, sowie 4 Sterne größter bzw. geringster scheinbarer Helligkeit, da bei diesen eine erhöhte Meßunsicherheit zu befürchten war. Es blieben somit für den Dreiecksvergleich zwischen den genannten Systemen 170 allen gemeinsame Sterne, darunter 55 in der Gruppe P1, 115 in der Gruppe P2.

Die durchgeführten Systemvergleichungen, deren numerische Ergebnisse in Tabelle 1 zusammengestellt sind, verfolgten einen doppelten Zweck. Einerseits sollten die von den Lagekoordinaten abhängigen systematischen Unterschiede der E. B.-Komponenten identischer Sterne als Grundlage für deren Reduktion auf ein gemeinsames System ermittelt werden, wobei zunächst offenblieb, ob im einzelnen Fall sechs oder nur vier voneinander verschiedene Parameter benötigt würden. Andererseits ergab sich an Hand der nach strenger Ausgleichung nach der Methode der kleinsten Quadrate verbleibenden Restabweichungen ein zuverlässiges Maß für die äußere Genauigkeit und damit für die spätere Gewichtszuteilung bei der Mittelbildung für den Gesamtkatalog. Der Absolutanschluß wurde als besonderer Schritt erst nach der inneren Homogenisierung vorgenommen.

Angesichts des kleinen Areals und der Geringfügigkeit der zur Diskussion stehenden Absolutbeträge war es sicherlich in allen Fällen aus-

Tabelle 1. Ergebnisse der Vergleichung verschiedener Eigenbewegungssysteme

Verglichene Systeme	N		6 Parameter aus $\Delta\mu_x$	6 Parameter aus $\Delta\mu_y$	4 Parameter
Bonn (relativ) minus Parenago (P 1)	55	s	$+ 0{,}''10 \pm {,}05$		$+ 0{,}''10 \pm {,}05$
		t		$+ 0{,}''20 \pm {,}05$	$+ 0{,}''20 \pm {,}05$
		u	$+ 0{,}18 \pm {,}08$	$+ 0{,}27 \pm {,}06$	$+ 0{,}24 \pm {,}05$
		v	$- 0{,}06 \pm {,}06$	$- 0{,}19 \pm {,}09$	$- 0{,}11 \pm {,}05$
		σ	$\pm 0{,}''34$	$\pm 0{,}''37$	$\pm 0{,}''35$
Bonn (relativ) minus Parenago (P 2)	115	s	$+ 0{,}''27 \pm {,}04$		$+ 0{,}''26 \pm {,}04$
		t		$+ 0{,}''03 \pm {,}04$	$+ 0{,}''03 \pm {,}04$
		u	$+ 0{,}23 \pm {,}03$	$+ 0{,}20 \pm {,}03$	$+ 0{,}22 \pm {,}02$
		v	$+ 0{,}06 \pm {,}03$	$- 0{,}16 \pm {,}03$	$- 0{,}05 \pm {,}02$
		σ	$\pm 0{,}''41$	$\pm 0{,}''49$	$\pm 0{,}''47$
Bonn (relativ) minus Parenago (P 1 & 2) (ungleiche Gewichte)	170	s	$+ 0{,}''20 \pm {,}03$		$+ 0{,}''196 \pm {,}034$
		t		$+ 0{,}''10 \pm {,}03$	$+ 0{,}''097 \pm {,}034$
		u	$+ 0{,}22 \pm {,}03$	$+ 0{,}21 \pm {,}03$	$+ 0{,}222 \pm {,}020$
		v	$+ 0{,}03 \pm {,}03$	$- 0{,}17 \pm {,}03$	$- 0{,}058 \pm {,}020$
		σ	$\pm 0{,}''35$	$\pm 0{,}''40$	$\pm 0{,}''39$
Bonn (relativ) minus Bonn (absolut)	170	s	$- 0{,}''23 \pm {,}03$		$- 0{,}''23 \pm {,}03$
		t		$- 0{,}''13 \pm {,}03$	$- 0{,}''13 \pm {,}03$
		u	$+ 0{,}08 \pm {,}02$	$+ 0{,}19 \pm {,}02$	$+ 0{,}13 \pm {,}02$
		v	$- 0{,}26 \pm {,}02$	$+ 0{,}04 \pm {,}03$	$- 0{,}12 \pm {,}02$
		σ	$\pm 0{,}''35$	$\pm 0{,}''39$	$\pm 0{,}''42$
Parenago (P 1 & 2) (ungleiche Gewichte) minus Bonn (absolut)	170	s	$- 0{,}''44 \pm {,}03$		$- 0{,}''44 \pm {,}04$
		t		$- 0{,}''23 \pm {,}03$	$- 0{,}''23 \pm {,}04$
		u	$- 0{,}14 \pm {,}02$	$- 0{,}02 \pm {,}03$	$- 0{,}09 \pm {,}02$
		v	$- 0{,}29 \pm {,}02$	$+ 0{,}20 \pm {,}03$	$- 0{,}07 \pm {,}02$
		σ	$\pm 0{,}''29$	$\pm 0{,}''36$	$\pm 0{,}''42$
K 1-System (ungleiche Gewichte) minus Bonn (absolut)	170	s	$- 0{,}''344 \pm {,}021$		
		t		$- 0{,}''184 \pm {,}025$	
		u	$- 0{,}040 \pm {,}019$	$+ 0{,}077 \pm {,}022$	
		v	$- 0{,}276 \pm {,}017$	$+ 0{,}127 \pm {,}022$	
		σ	$\pm 0{,}''27$	$\pm 0{,}''31$	
K 2-System minus Strand	48	s			$- 0{,}''063 \pm {,}024$
		t			$+ 0{,}''079 \pm {,}024$
		u			$- 0{,}279 \pm {,}037$
		v			$- 0{,}073 \pm {,}037$
		σ			$\pm 0{,}''16$

(Fortsetzung von Tabelle 1)

Verglichene Systeme	N		6 Parameter aus $\Delta \mu_x$	aus $\Delta \mu_y$	4 Parameter
Smithsonian	24	s	$- 0{,}''60 \pm {,}24$		$- 0{,}''60 \pm {,}24$
Star Catalogue		t		$+ 0{,}''16 \pm {,}14$	$+ 0{,}''16 \pm {,}14$
minus		u	$- 0{,}29 \pm {,}23$	$- 0{,}08 \pm {,}09$	$- 0{,}11 \pm {,}08$
K2-System		v	$+ 0{,}14 \pm {,}16$	$- 0{,}02 \pm {,}14$	$+ 0{,}06 \pm {,}10$
		σ	$\pm 1{,}''16 \; (G = 1/_3)$	$\pm 0{,}''67 \; (G = 1)$	$\pm 0{,}''67$
Absolute E.B.	25	s	$+ 0{,}''18 \pm {,}20$		$+ 0{,}''17 \pm {,}20$
(M. & S.; Göbel)		t		$+ 0{,}''12 \pm {,}12$	$+ 0{,}''12 \pm {,}12$
(ungleiche		u	$+ 0{,}06 \pm {,}18$	$+ 0{,}01 \pm {,}08$	$+ 0{,}01 \pm {,}07$
Gewichte)		v	$+ 0{,}26 \pm {,}13$	$- 0{,}02 \pm {,}11$	$+ 0{,}09 \pm {,}08$
minus K 2-System		σ	$\pm 0{,}''88 \; (G = 1/_3)$	$\pm 0{,}''54 \; (G = 1)$	$\pm 0{,}''53$
Absolute E.B.	31	t		$+ 0{,}''21 \pm {,}12$	
(M. & S.; Göbel)		u		$- 0{,}03 \pm {,}08$	
minus		v		$+ 0{,}01 \pm {,}12$	
K 2-System		σ		$\pm 0{,}''60 \; (G = 1)$	
Vordergrundsterne	38	u			$- 0{,}02 \; (-{,}01)$
minus K 4-System		v			$- 0{,}02 \; (+{,}02)$
(...) mit Gewichten					

reichend, die in den Lagekoordinaten linearen Glieder in Betracht zu ziehen nach dem Ansatz

$$\Delta \mu_x (A, B) = s + X u_1 + Y v_1 \quad \sigma_1 \\ \Delta \mu_y (A, B) = t + Y u_2 - X v_2 \quad \sigma_2 \quad \begin{cases} \text{mittlere Restabweichung} \\ \text{einer E. B.-Komponente.} \end{cases} \quad (1)$$

Darin bedeuten $\Delta \mu_x (A, B)$ und $\Delta \mu_y (A, B)$ die Differenzen der E. B.-Komponenten in AR und δ für identische Sterne nach je zwei miteinander verglichenen Katalogen A und B in Bogensekunden pro Jahrhundert, X und Y die Lagekoordinaten in Einheiten von $1000''$, bezogen auf θ^1 C Orionis als Ursprung, wobei die positive Y-Achse nach Norden, die positive X-Achse nach Osten weisen. Die Parameter s, t, $u_{1,2}$ und $v_{1,2}$ sind so zu bestimmen, daß die Quadratsumme der Restabweichungen ein Minimum wird.

Neben der getrennten Behandlung der E. B.-Komponenten in X und Y wurden auch Ausgleichungen mit der Zusatzbedingung

$$u_1 = u_2 = u \qquad \sigma \text{ gemeinsame mittlere Restabweichung}$$
$$v_1 = v_2 = v \qquad \text{einer E. B.-Komponente} \tag{2}$$

durchgerechnet. Deren Ergebnissen wurde bei der tatsächlichen Ausführung der Reduktion dann der Vorzug gegeben, wenn dadurch keine signifikante Vergrößerung der mittleren Streuung bewirkt wurde, in praxi, wenn σ zwischen σ_1 und σ_2 blieb. Denn in letzterem Fall war anzunehmen, daß die Mitführung von sechs verschiedenen Parametern keine echte Verbesserung der Reduktion bewirken würde. Da für diese Rechnungen in weiterem Umfang Computer verwendet wurden, konnte auf die Bildung sogenannter „Normalpunkte", in diesem Fall also lokaler Gruppenmittelwerte, verzichtet und jeder Stern mit seinen exakten Einzelwerten in die Rechnung einbezogen werden.

Zu den einzelnen Vergleichungen ist Folgendes zu bemerken:

(Br — P 1): Die Darstellung der systematischen Unterschiede durch nur vier Parameter s, t, u, v ist mit Bestimmtheit jener mit sechs Parametern vorzuziehen; denn σ erreicht nahezu den idealen, d. h. niedrigsten Erwartungswert in der Mitte zwischen σ_1 und σ_2, während gleichzeitig die mittleren Fehler der Parameter u und v erheblich gesenkt werden.

(Br — P 2): Qualitativ besteht eine deutliche Ähnlichkeit mit den Ergebnissen des vorigen Vergleiches, wie es nach der von Parenago zweifellos angestrebten Homogenität seines Systems auch erwartet werden durfte. Allerdings liegt σ schon nahe der noch zulässigen Höchstgrenze. Etwas auffallend ist der Unterschied der Parameter s und t gegenüber dem vorigen Vergleich. Die anfängliche Vermutung eines verbürgbaren systematischen Unterschiedes zwischen den Gruppen P 1 und P 2 hat sich jedoch in einem späteren, hier nicht im einzelnen vorzuführenden Vergleich mit den E. B. des Kataloges von Strand wenigstens für den inneren Teil des Feldes nicht bestätigen lassen. Vielmehr scheint es sich eher um die Auswirkung einiger größerer zufälliger Fehler in den Randgebieten zu handeln.

(Br — P): Die E. B.-Werte beider Gruppen, P 1 und P 2, wurden demnach ohne weitere Änderung verwendet, wobei die E. B.-Differenzen der Sterne aus P2 gegenüber Br mit dem absichtlich etwas zu hoch angesetzten relativen Gewicht 0,7 einbezogen wurden; eine stärkere Herabsetzung von deren Gewicht hätte die zur Bestimmung von u und v wesentlichen äußeren Teile des Feldes zu wenig zur Geltung kommen lassen. Ein allfälliger Mißgriff in der Wahl des Gewichtsverhältnisses an dieser Stelle wirkt sich, wie man später sehen wird, auf die Endergebnisse fast nicht aus.

(Br — Ba) und (P — Ba): Im zweitgenannten Fall wurden die Gruppen P1 und P2 wieder mit den Gewichten 1 und 0,7 in die Rechnung eingeführt. In beiden hier betrachteten Vergleichen wird σ deutlich größer als σ_2, d. h., zur angemessenen Darstellung der systematischen E. B.-Unterschiede sind mit Bestimmtheit sechs Parameter erforderlich. Den Anlaß dazu gibt offenbar in der Hauptsache das System Ba. Dies ist leicht erklärlich. Denn Meurers und Sandmann haben in der auch sonst üblichen Weise für jede ihrer Platten sechs Plattenkonstante in genauer Analogie zu unseren sechs Reduktionsparametern aus den Örtern und E. B. von 18 Anhaltsternen aus Meridiankreiskatalogen berechnet und damit die gemessenen Lagekoordinaten reduziert. Eine ungünstige lokale Verteilung der zufälligen Fehler in den E. B. der Anhaltsterne bewirkt unter diesen Umständen notwendigerweise eine scheinbare Verzerrung des ganzen Bewegungsfeldes. Der von uns im II. Kapitel durchgeführte Absolutanschluß wird Gelegenheit bieten, diesen Sachverhalt noch deutlicher kennenzulernen.

Legt man zur Beurteilung der äußeren Genauigkeit der hier verglichenen Systeme unter den üblichen Voraussetzungen über Normalverteilung und quadratische Zusammensetzung der zufälligen Fehler jedes der beiden in einen Vergleich eingehenden Systeme der Gleichförmigkeit halber stets den Betrag von $\frac{1}{2}(\sigma_1^2 + \sigma_2^2)$ der mit je sechs Parametern gerechneten Ausgleichungen zugrunde, so erhält man aus den drei zuletzt besprochenen, jeweils dieselben 170 Sterne umfassenden Vergleichen die nachstehenden äußeren mittleren Fehler einer E. B.-Komponente:

$$\sigma(\text{P1}) = \pm 0{,}''23,$$
$$\sigma(\text{Br}) = \pm 0{,}''29,$$
$$\sigma(\text{Ba}) = \pm 0{,}''23.$$

Unter σ (P1) ist hier der m. F. der mit Gewicht 1 in den Gesamtvergleich eingegangenen Sterne des Kataloges von Parenago zu verstehen. Bemerkenswerterweise sind also die E. B. des Systems Ba individuell (nicht in systematischer Hinsicht) denen von Br nicht unerheblich überlegen und stehen mit den besten Sternen des Parenago-Kataloges auf nahezu gleicher Stufe. Für letztere ist der hier gefundene m. F. wahrscheinlich realistischer als die aus der inneren Übereinstimmung bei jedem einzelnen Stern durch Parenago geschätzten Fehler.

Für den nun folgenden stufenweisen Aufbau eines kombinierten Systems quasi-relativer E. B. wurden unter selbstverständlicher Beachtung der notwendigen systematischen Reduktionen die folgenden abgerundeten relativen Gewichte angenommen:

P1 ... 5;   P2 ... 3;
Br ... 3;   Ba ... 5.

Formal betrachtet ist die Gleichsetzung der Gewichte für Br und P2 für letztere E. B. zu günstig. Es war aber zu bedenken, daß Ba und Br eine Platte der älteren Epoche (um 1901) gemeinsam verwendet haben. Daher schien es nicht zweckmäßig, die von diesen beiden völlig unabhängigen E. B. nach Parenago gewichtsmäßig allzu sehr zurückzudrängen.

Am wenigsten gegeneinander verzerrt erwiesen sich die Systeme Br und P. Da es vorläufig unmöglich ist zu entscheiden, welches von beiden die in systematischer Hinsicht vollkommeneren relativen E. B. bietet, wurden gewogene Mittelwerte zwischen beiden nach folgender Überlegung gebildet: In willkürlichen Einheiten beträgt das Gesamtgewicht der Gruppen

P1 ...   55mal 0,05 = 2,75
P2 ... 115mal 0,03 = 3,45
―――――――――――――――――――――
P .... = 6,2 (abgerundet: 6)
Br ... 170mal 0,03 = 5,1 (abgerundet: 5).

Schreibt man nun das Ergebnis des Vergleiches (Br — P) in der allgemeinen, wahlweise für beide E. B.-Komponenten jedes beliebigen Sterns gültigen Form

$$\mu_k(\text{Br}) - \mu_k(\text{P}) = a_k X + b_k Y + c_k; \quad k = x \text{ oder } y,$$

so sollten zur Reduktion auf ein gewichtsmäßig richtig kombiniertes System K1 für jeden einzelnen Stern folgende Formeln gelten: einerseits

$$\mu_k(\mathrm{K}1) = \mu_k(\mathrm{P}) + \frac{5}{11}(a_k X + b_k Y + c_k), \qquad (3\,\mathrm{a})$$

sowie andererseits auch

$$\mu_k(\mathrm{K}1) = \mu_k(\mathrm{Br}) - \frac{6}{11}(a_k X + b_k Y + c_k). \qquad (3\,\mathrm{b})$$

Im gewogenen Mittel folgt daraus für jeden der 55 Sterne der Gruppe P1:

$$\overline{\mu_k(\mathrm{K}1)} = \frac{5}{8}\mu_k(\mathrm{P}1) + \frac{25}{88}(a_k X + b_k Y + c_k) +$$

$$+ \frac{3}{8}\mu_k(\mathrm{Br}) - \frac{18}{88}(a_k X + b_k Y + c_k) = \qquad (4\,\mathrm{a})$$

$$= \frac{5}{8}\mu_k(\mathrm{P}1) + \frac{3}{8}\mu_k(\mathrm{Br}) + \frac{7}{88}(a_k X + b_k Y + c_k);$$

und nach analoger Überlegung für die Sterne der Gruppe P2:

$$\overline{\mu_k(\mathrm{K}1)} = \frac{1}{2}\mu_k(\mathrm{P}2) + \frac{1}{2}\mu_k(\mathrm{Br}) - \frac{1}{22}(a_k X + b_k Y + c_k). \qquad (4\,\mathrm{b})$$

Wie man hieraus sieht, gehen auf diese Weise die Reduktionsparameter nur mit ganz geringem Gewicht in die Resultate ein, und die etwas problematischen Unterschiede, die sich zwischen den Gruppen P1 und P2 im Vergleich zu Br ergeben hatten, werden völlig unerheblich. Bestimmend bleiben die unreduzierten, gewichtsmäßig gemittelten Rohwerte der von den Autoren selbst angegebenen E. B.

Auf das nach den Formeln (4 a, b) konstituierte K1-System waren nun die E. B. des Ba-Kataloges zu reduzieren, der die Voraussetzungen für die Anwendung eines dem vorigen analogen Verfahrens zweifellos nicht erfüllt. Da vielmehr hier die Unterschiede $u_1 \neq u_2$ und $v_1 \neq v_2$ sicherlich reell sind, wurde nur eine nach Komponenten getrennte Ausgleichung (K1—Ba) mit insgesamt sechs Parametern durchgeführt.

Die schon im K1-System tatsächlich erzielte Verbesserung der individuellen E. B.-Werte zeigte sich in einer deutlichen Verminderung der Reststreuungen σ_1 und σ_2 gegenüber den getrennten Vergleichungen zwischen Ba einerseits, Br und P andererseits. Mit den in Tabelle 1, Abteilung 6, enthaltenen Parametern wurden also die E. B. des Ba-Kataloges auf das System K1 reduziert und im Gewichtsverhältnis 5:8 für die 55 Sterne der Gruppe P1 bzw. 5:6 für die 115 übrigen Sterne der Gruppe P2 mit den nach den Formeln (4 a, b) berechneten gewogenen Mitteln aus P und Br vereinigt. Nach entsprechenden Reduktionen hinzugefügt wurden jetzt auch jene Sterne des Bonner Kataloges, die nicht in allen drei Verzeichnissen enthalten sind oder aus den früher erwähnten Gründen bei den Systemvergleichen außer Betracht geblieben waren. Ausgeschlossen blieben jedoch die zahlreichen Sterne mit E. B. wesentlich geringerer Genauigkeit des Parenago-Kataloges, da von ihnen kein zuverlässiger Beitrag zur besseren Kenntnis der inneren Bewegungsverhältnisse des Orion-Sternhaufens erwartet werden konnte.

Obwohl durch die Einbeziehung von Ba nach der eben beschriebenen Vorgangsweise in systematischer Hinsicht keine wesentliche Änderung gegenüber den nur aus P und Br gebildeten E. B. eingetreten sein dürfte, sei die Gesamtheit der unter Einbeziehung von Ba erhaltenen E. B. zur kurzen Unterscheidung doch als System K2 bezeichnet.

Mit seinen, gegenüber den darin vereinigten drei Einzelkatalogen individuell bedeutend verbesserten E. B. bietet das K2-System eine geeignete Grundlage, um nun auch die hochwertigen relativen E. B. des Kataloges von Strand in dieses überzuführen. Von den 55 Sternen, die beiden gemeinsam sind, und unter denen 22 der Gruppe P2 angehören, mußten nach vorläufiger Prüfung jene 4, die bei Strand infolge ihrer randnahen Lage nur auf einem Plattenpaar und offensichtlich unter Schwierigkeiten gemessen wurden, sowie drei andere mit unerklärlich starken Abweichungen (Druckfehler?) von dem weiteren Vergleich ausgeschieden werden. Die 48 übrigen Sterne wurden mit gleichen Gewichten in die Rechnung eingeführt. Denn für die Mehrheit von ihnen würden sich auch theoretisch nur unwesentliche Gewichtsunterschiede ergeben; aber auch in den wenigen Fällen, wo diese an sich merklich würden, ist damit noch nichts über die tatsächliche Größe des Fehlers im Einzelfall gesagt. Eine merkliche Verbesserung des Ergebnisses durch die Einführung von Gewichtsstufen wäre daher nicht zu erwarten gewesen.

Für das hier allein in Betracht stehende engere Feld war die Annahme von nur 4 Parametern sicherlich hinreichend. Dafür spricht auch die beachtliche Kleinheit der restlichen Streuung $\sigma = \pm\, 0\overset{\prime\prime}{,}162$. Da Strand selbst als inneren m. F. der E. B. seines Kataloges $0\overset{\prime\prime}{,}07$ bis $0\overset{\prime\prime}{,}09/100^a$ angibt, was auch durch die bereits erwähnte Voruntersuchung von uns bestätigt wurde, verbleibt als äußerer m. F. einer E. B.-Komponente des K2-Systems rund $\pm\, 0\overset{\prime\prime}{,}14/100^a$. Verglichen mit diesem, kommt den im Durchschnitt auf 7 Plattenpaaren beruhenden E. B. des Kataloges von Strand reichlich das dreifache Gewicht zu. Demgemäß erscheinen in unserem Gesamtkatalog die nur im K2-System enthaltenen Sterne mit dem Gewicht 1, die nur bei Strand vorhandenen mit Gewicht 3; die nach Reduktion aus beiden Katalogen mit diesen Gewichten gemittelten E. B. erhielten die Gewichtszahl 4. Bei den von Strand nur auf einem oder zwei Plattenpaaren gemessenen Sternen wurde Gewichtsgleichheit mit dem K2-System, bei Mittelbildung also das Gewicht 2 angenommen.

Auf einen Umstand sei noch besonders hingewiesen. Ausnahmslos bei allen bisher getrennt nach den Komponenten durchgeführten Vergleichen wurde $|\sigma_2| > |\sigma_1|$ gefunden. Die Ursache ist wohl in der vertikal stärkeren Richtungsszintillation zu suchen. Beim Absolutanschluß werden sich die Verhältnisse in auffallender Weise umkehren.

II. Der Absolutanschluß

Einschließlich der entsprechend reduzierten Sterne des Kataloges von Strand liegen nun 319 E. B. im K2-System vor. Rund 40 darunter sind nach der Größe ihrer E. B. mit Sicherheit als Vordergrundsterne zu betrachten. Aber angesichts der weiten Verbreitung stark absorbierender Materie in diesem Gebiet besteht wenig Aussicht darauf, Sterne des Hintergrundes in genügender Anzahl zu identifizieren und sie zuverlässig von den Mitgliedern des Haufens zu unterscheiden, welche wegen ihrer großen Entfernung selbst schon ziemlich kleine E. B. erwarten lassen. Und wenn, nach Parenago, dynamisch bedingte systematische Bewegungstendenzen noch weit über den durch auffällig hohe

Tabelle 2. Daten zur Ableitung der Eigenbewegungen von 15 Anhaltsternen

Stern-bezeichnung	m	Katalog	Epoche	Δ in Epoche	Δ in α	B	p	Δ in δ	B	p
− 5° 1311	8,3	Strb	1892,1	− 41,8	+ 0^s,078	3	1,0	− 0″,62	3	1,0
		Zô-Sè	1909,6	− 24,3	+ 0,087	—	—	− 0,55	—	—
Parenago		Gött	1933,1	− 0,8	+ 0,067	—	—	− 0,10	—	—
Nr. 1744		Smiths.	1933,9	0,0	− 0,026	—	—	− 0,05	—	—
		Strb 30	1935,1	+ 1,2	+ 0,007	—	—	− 0,01	—	—
		Smiths.	1950,0	+ 16,1	− 0,069	—	—	+ 0,19	—	—
− 5° 1316	9,0	Strb	1892,1	− 41,8	+ 0^s,034	2	0,7	− 0″,58	2	0,7
		Zô-Sè	1909,6	− 24,3	+ 0,041	—	—	− 0,45	—	—
Nr. 1905		Gött	1933,1	− 0,8	+ 0,095	—	—	− 0,05	—	—
		Smiths.	1933,9	0,0	− 0,026	—	—	− 0,05	—	—
		Smiths.	1950,0	+ 16,1	− 0,056	—	—	+ 0,14	—	—
− 5° 1323	9,0	Strb	1892,1	− 41,8	+ 0^s,015	2	0,7	+ 0″,27	2	0,7
		Zô-Sè	1909,6	− 24,3	+ 0,025	—	—	+ 0,29	—	—
Nr. 2065		Gött	1933,1	− 0,8	+ 0,070	—	—	− 0,11	—	—
		Smiths.	1933,9	0,0	− 0,026	—	—	− 0,02	—	—
		Smiths.	1950,0	+ 16,1	− 0,047	—	—	− 0,12	—	—
− 5° 1325	9,0	War	1884,1	− 49,8	− 0^s,147	1	0,1	− 2″,68	1	0,05
		Strb	1897,2	− 36,7	− 0,076	3	1,0	− 0,04	3	1,0
Nr. 2074		Zô-Sè	1914,1	− 19,8	− 0,063	—	—	+ 0,11	—	—
		Gött	1933,1	− 0,8	+ 0,054	—	—	− 0,31	—	—
		Smiths.	1933,9	0,0	− 0,025	—	—	− 0,05	—	—
		Smiths.	1950,0	+ 16,1	− 0,020	—	—	− 0,14	—	—
− 5° 1327	9,0	Strb	1897,6	− 36,3	− 0^s,009	4	1,5	+ 1″,34	4	1,5
		Zô-Sè	1909,6	− 24,3	+ 0,014	—	—	+ 1,42	—	—
Nr. 2102		Gött	1933,1	− 0,8	+ 0,052	—	—	− 0,09	—	—
		Smiths.	1933,9	0,0	− 0,026	—	—	− 0,05	—	—
		Smiths.	1950,0	+ 16,1	− 0,049	—	—	− 0,70	—	—
− 5° 1331	9,0	Strb	1892,0	− 41,9	+ 0^s,010	2	0,7	− 0″,02	2	0,7
		Zô-Sè	1909,6	− 24,3	+ 0,017	—	—	+ 0,05	—	—
Nr. 2284		Gött	1933,1	− 0,8	+ 0,057	—	—	− 0,26	—	—
		Smiths.	1933,9	0,0	− 0,026	—	—	− 0,05	—	—
		Smiths.	1950,0	+ 16,1	− 0,044	—	—	− 0,06	—	—

(Fortsetzung von Tabelle 2)

Stern-bezeichnung	m	Katalog	Epoche	Δ in Epoche	Δ in α	B	p	Δ in δ	B	p
− 5° 1333	8,8	Strb	1892,0	− 41,9	+ 0^s,018	2	0,7	+ 0″,69	2	0,7
		Zô-Sè	1909,6	− 24,3	+ 0,020	−	−	+ 0,66	−	−
Nr. 2342		Smiths.	1933,9	0,0	− 0,026	−	−	− 0,05	−	−
		Smiths.	1950,0	+ 16,1	− 0,047	−	−	− 0,30	−	−
− 5° 1338	9,0	Strb	1892,1	− 41,8	− 0^s,071	2	0,7	− 0″,40	2	0,7
		Zô-Sè	1909,6	− 24,3	− 0,060	−	−	− 0,39	−	−
Nr. 2420		Strb 30	1933,6	− 0,3	− 0,027	−	−	+ 0,74	−	−
		Smiths.	1933,9	0,0	− 0,026	−	−	− 0,05	−	−
		Smiths.	1950,0	+ 16,1	− 0,014	−	−	+ 0,10	−	−
− 5° 1326	9,0	War	1887,0	− 46,9	− 0^s,262	1	0,1	− 2″,35	1	0,05
		Strb	1898,1	− 35,8	− 0,022	2	0,7	− 1,18	2	0,7
Nr. 2085		Zô-Sè	1914,1	− 19,8	− 0,019	−	−	− 1,17	−	−
		Gött	1933,1	− 0,8	+ 0,069	−	−	− 0,15	−	−
		Smiths.	1933,9	0,0	− 0,026	−	−	− 0,05	−	−
		Smiths.	1950,0	+ 16,1	− 0,040	−	−	+ 0,43	−	−
− 6° 1242	9,1	Ott	1897,0	− 36,9	+ 0^s,021	2	1,0	− 0″,26	2	1,0
		Gött	1933,1	− 0,8	+ 0,091	−	−	− 0,42	−	−
Nr. 2124		Smiths.	1933,9	0,0	− 0,018	−	−	− 0,12	−	−
		Smiths.	1950,0	+ 16,1	− 0,039	−	−	+ 0,02	−	−
− 6° 1245	8,9	W$_5$h	1824,1	− 109,8	+ 0^s,162	1	0,1	−	−	−
		Strb	1891,1	− 42,8	− 0,015	2	0,7	+ 1″,12	2	0,7
Nr. 2219		Ott	1897,0	− 36,9	+ 0,045	2	1,0	+ 0,94	2	1,0
		Zô-Sè	1909,6	− 24,3	− 0,003	−	−	+ 1,08	−	−
		Gött	1933,1	− 0,8	+ 0,055	−	−	− 1,39	−	−
		Smiths.	1933,9	0,0	− 0,025	−	−	− 0,06	−	−
		Smiths.	1950,0	+ 16,1	− 0,033	−	−	− 0,49	−	−
− 6° 1215	9,0	Strb	1892,0	− 41,9	+ 0^s,100	2	0,7	+ 1″,30	2	0,7
		Ott	1896,0	− 37,9	+ 0,064	2	1,0	+ 0,07	2	1,0
Nr. 971		Zô-Sè	1912,9	− 21,0	+ 0,107	−	−	+ 1,28	−	−
		Gött	1933,1	− 0,8	+ 0,039	−	−	− 0,23	−	−
		Smiths.	1933,9	0,0	− 0,025	−	−	− 0,06	−	−
		Smiths.	1950,0	+ 16,1	− 0,080	−	−	− 0,55	−	−

(Fortsetzung von Tabelle 2)

Stern-bezeichnung	m	Katalog	Epoche	Δ in Epoche	Δ in α	B	p	Δ in δ	B	p
− 6° 1230	10,0	Strb	1891,1	− 42,8	− 0^{s}030	2	0,7	− 0″82	2	0,7
		Zô-Sè	1914,1	− 19,8	− 0,021	−	−	− 0,87	−	−
Nr. 1590		Gött	1933,1	− 0,8	+ 0,073	−	−	− 0,42	−	−
		Smiths.	1933,6	− 0,3	− 0,025	−	−	− 0,06	−	−
		Smiths.	1950,0	+ 16,1	− 0,039	−	−	+ 0,26	−	−
− 5° 1312	9,0	Strb	1892,0	− 41,9	+ 0^{s}060	2	0,7	− 0″78	2	0,7
		Ott	1897,0	− 36,9	+ 0,064	2	1,0	+ 1,58	2	1,0
Nr. 1768		Zô-Sè	1909,6	− 24,3	− 0,065	−	−	− 0,83	−	−
		Gött	1933,1	− 0,8	+ 0,057	−	−	+ 2,54	−	−
		Smiths.	1933,9	± 0,0	− 0,025	−	−	− 0,06	−	−
		Smiths.	1950,0	+ 16,1	− 0,052	−	−	+ 0,24	−	−
− 5° 1313	9,0	Strb	1892,0	− 41,9	− 0^{s}078	2	0,7	− 0″09	2	0,7
		Zô-Sè	1909,6	− 24,3	− 0,070	−	−	− 0,11	−	−
Nr. 1772		Smiths.	1933,9	± 0,0	− 0,026	−	−	− 0,05	−	−
		Smiths.	1950,0	+ 16,1	− 0,014	−	−	− 0,01	−	−

B = Anzahl der Beobachtungen, p = Gewicht nach Boss' G.C.

Sterndichte ausgezeichneten engeren Bereich des Sternhaufens hinaus vorhanden sein sollten, könnten die E. B. von Referenzsternen auch aus der Randzone des von uns untersuchten Gebietes nicht als zufällig verteilt angenommen werden. Um quantitativ einwandfreie Aussagen über Rotation und allfällige säkulare Expansion des Haufens machen zu können, erscheint daher der Anschluß an absolute E. B. unerläßlich.

Für 33 Sterne unseres Kataloges stehen zwei oder mehrere, durch eine größere Epochendifferenz getrennte Meridiankreisörter zur Verfügung. Für 18 dieser Anhaltsterne haben schon Meurers und Sandmann aus allen erreichbaren Katalogörtern E. B. abgeleitet. Für die 15 übrigen wurden sie nach gleichem Verfahren von uns bestimmt; die Grundlagen dafür sind in Tabelle 2 zusammengestellt. Alle 33 E. B., mit den Daten im Anhang des FK 4 auf dessen System reduziert, enthält Tabelle 3. Unabhängig davon stehen die E. B. derselben Sterne zum Vergleich auch im Smithsonian Catalogue of Stars III (1966) zur Verfügung.

Nach der in Kapitel I eingehaltenen Vorgangsweise ist die Annahme berechtigt, daß das K2-System quasi-relativer E. B. von Verzerrungen frei ist und daher durch einen Ansatz mit nur vier freien Parametern bestmöglich in absolute E. B. übergeführt werden kann. Daher wurde in der Absicht, ein durchaus homogenes und durch keine willkürliche Auslese beeinflußtes Ergebnis zu erhalten, zunächst ein Vergleich mit den E. B. jener 30 Sterne des Smithsonian Catalogue vorgenommen, die unter den 170 Sternen, die den Kern unseres Systems bildeten, enthalten sind. Jedoch machte der über Erwarten große Restfehler von $\pm\ 1{,}58/100^a$ die errechneten Reduktionsparameter so unzuverlässig, daß sie den gewünschten Zweck unmöglich erfüllen konnten.

Freilich war schon in den $\Delta\ \mu$ zu erkennen, daß es vor allem einige wenige Sterne sind, deren absolute E. B. offenbar durch ungünstig verteilte Fehler in den Meridianörtern bei verhältnismäßig kurzen Epochendifferenzen scheinbar völlig irreale Werte angenommen hatten und zu den in sich weitaus genaueren photographischen E. B. derselben Sterne keine ersichtliche Beziehung mehr zeigten. Da die Verwendung dieser Sterne bei der Bestimmung der Absolutreduktion zu offensichtlich gänzlich verfälschten Ergebnissen führte, wurden sie — acht der von uns bestimmten, bzw. neun aus dem Smithsonian Catalogue — von den weiteren Rechnungen ausgeschlossen. Die übrigen wurden für einen erneuten Vergleich mit dem Smithsonian Catalogue mit gleichen Gewichten verwertet, während für den Vergleich mit den individuell von Meurers und Sandmann oder von uns bestimmten E. B. je nach der Anzahl und der Epochendifferenz der dabei wesentlich mitstimmenden guten Kataloge zwei Gewichtsgruppen gebildet wurden: 10 Sterne je mit Gewicht 1, die 15 übrigen mit Gewicht $2/3$.

Ferner wurden die Ausgleichsrechnungen jetzt getrennt nach den beiden E. B.-Komponenten ausgeführt; dies nicht etwa, weil ein reeller Unterschied zwischen u_1 und u_2, v_1 und v_2 auch nur vermutet wurde, sondern um das Zusammenwirken beider Komponenten am Gesamtergebnis besser zu durchschauen. Das höchst überraschende Ergebnis ist wohl nicht nur für diesen speziellen Fall besonderer Aufmerksamkeit wert: Sowohl bei Verwendung der E. B. aus dem Smithsonian Catalogue wie bei denen, die Meurers, Sandmann und wir abgeleitet hatten, ergab sich der mittlere Restfehler in der x-Komponente um einen Faktor nahe an $\sqrt{3}$ größer, das Gewicht also um den Faktor $\frac{1}{3}$ kleiner als in der y-Komponente. Da bei den photographischen E. B.-Vergleichen, wie erwähnt, ausnahmslos ein geringfügiger Unterschied entgegengesetzten Verhaltens, nämlich etwas größere Abweichungen in der y-Komponente, festgestellt worden sind, geht der nunmehr gefundene beträchtliche Fehler in der x-Komponente zweifellos durchaus zu Lasten der absoluten Rektaszensionen, bzw. deren zeitlicher Änderungen. Die genauen Zahlenwerte sind in Tabelle 1 enthalten.

Man sieht auch, daß — abgesehen von einer gewissen Genauigkeitssteigerung — in t, u_2 und v_2 kein sehr großer Unterschied besteht, ob man sich an die E. B. des Smithsonian Catalogue oder an die von Meurers, Sandmann und von uns bestimmten hält. Dagegen tauchen in s, u_1 und v_1 ziemlich krasse Unterschiede auf. Es muß daher ernstlich in Frage gestellt werden, ob eine Kombination der $\Delta \mu_y$ und $\Delta \mu_x$, selbst mit bedeutend herabgesetztem Gewicht der letzteren, ein verläßlicheres Ergebnis liefern kann als die y-Komponenten allein. Wir glauben, dies verneinen zu müssen und stützen uns nur für den Parameter s, wo dies unumgänglich ist, auf die $\Delta \mu_x$. Demnach wurden, da u_2 und v_2 nur sehr kleine und nach Ausweis ihrer m. F. nicht verbürgte Beträge aufwiesen, lediglich die additiven Reduktionsgrößen

$$\mu_x (K4) = \mu_x (K2) + 0\overset{s}{.}18 (\pm 0\overset{s}{.}20),$$
$$\mu_y (K4) = \mu_y (K2) + 0\overset{s}{.}12 (\pm 0\overset{s}{.}12) \tag{5}$$

angebracht. Die Bezeichnung K4 soll andeuten, daß die so erhaltenen und im Katalog dieser Arbeit mitgeteilten E. B. im System des FK 4 liegen sollen. Die weniger sicheren Resultate des Anschlusses an den Smithsonian Catalogue wurden nicht weiter verwendet.

Um jedes Bedenken zu zerstreuen, es könnten vielleicht durch den Ausschluß eines Viertels aller vorhandenen Anhaltsterne die Reduktionskonstanten wesentlich verfälscht worden sein, wurden die bisher verworfenen 8 Werte $\Delta \mu_y$ einer nochmaligen Prüfung unterzogen. Zum Unterschied von den $\Delta \mu_x$ derselben Sterne ergab sich der Eindruck, daß die verbliebenen Abweichungen, obwohl ziemlich groß, sich meist in noch annehmbaren Grenzen hielten und nur in zwei Fällen völlig aus dem Rahmen fielen. Daher wurde eine erneute Ausgleichung vorgenommen, bei der anstelle des Sterns Parenago Nr. 1605 (der den Vor-

Tabelle 3. Absolute Eigenbewegungen der Anhaltsterne im System des FK4

Parenago Nr.	Smithsonian Nr. 132000 +	Meurers Bez.	100jährige Eigenbewegung μ_x	μ_y	Gew.
971	236	—	− 5,″26	− 2,″95	0
1001	239	a	− 0,51	− 0,74	1
1097	249	b	− 0,82	+ 0,19	1
1306	265	c	+ 0,86	− 4,52	⅔
1441	278	d	+ 0,89	+ 1,26	1
1590	287	—	− 0,76	+ 1,75	⅔
1605	288	e	+ 0,07	− 1,37	1[1]
1634	289	f	+ 1,37	− 0,13	1
1654	294	g	+ 1,55	− 0,39	⅔
1708	302	h	+ 1,77	− 0,44	1
1744	303	—	− 4,06	+ 1,25	0
1768	306	—	− 4,21	+ 1,45	0
1772	308	—	+ 1,49	0,00	⅔
1813	311	i	+ 0,32	− 0,03	1
1849	313	k	− 0,36	+ 0,26	⅔
1905	316	—	− 2,56	+ 0,85	0
2031	322	l	+ 0,33	+ 0,32	1
2065	326	—	− 2,11	− 1,05	0
2074	328	—	+ 0,89	− 0,55	⅔
2083	331	m	+ 1,29	− 0,88	⅔
2085	329	—	− 0,91	+ 2,85	0
2102	333	—	− 1,96	− 4,05	0
2124	334	—	− 1,81	+ 0,45	⅔
2219	340	—	− 1,51	− 2,65	⅔
2284	343	—	− 1,81	− 0,15	⅔
2342	349	—	− 1,96	− 1,65	0
2366	351	n	+ 0,50	+ 0,38	1
2387	354	o	+ 0,48	+ 1,31	⅔
2396	355	p	− 2,70	− 1,25	⅔
2420	360	—	+ 1,04	+ 0,55	⅔
2466	365	q	− 1,43	+ 1,38	⅔
2564	378	r	+ 0,35	− 0,12	1
2575	380	s	+ 2,69	− 4,13	⅔

[1] Parenago Nr. 1605 = Smithsonian Nr. 132 288 zeigt im Smithsonian Catalogue of Stars eine von der hier angegebenen sehr stark abweichende E.B.; er wurde deshalb bei der Bestimmung der Reduktion (Smiths. C. − K 2) von der Ausgleichung ausgeschlossen.

zug nicht ganz zu verdienen schien) Nr. 2342 mit Gewicht 1, die übrigen 21 Sterne mit Gewicht $2/3$ in die Rechnung eingeführt wurden, und nur die Nrn. 2085 und 2102 ausgeschlossen blieben. Das in der vorletzten Abteilung der Tabelle 1 in der üblichen Weise zusammengestellte Ergebnis zeigt, daß u_2 und v_2 zwar ihre Vorzeichen änderten, aber beide, ganz besonders jedoch v_2, weit unter den Beträgen ihrer mittleren Fehler blieben. Nach wie vor spricht also nichts für eine verbürgbare Maßstabsänderung oder Drehung des Systems der quasirelativen E. B. Der neue Wert von t liegt etwa um ebenso viel über jenem, der sich beim Anschluß an den Smithsonian Catalogue ergeben hatte, wie er ohne die zusätzlichen 6 Sterne darunter lag. Nach Ausweis der mittleren Fehler sind auch diese Unterschiede nicht signifikant. Daher durften die Reduktionsformeln (5) unverändert beibehalten werden, zumal sie den Vorzug haben, in beiden Koordinaten auf derselben Auswahl von Anhaltsternen zu beruhen.

Das Herausfallen der zwei Sterne Parenago Nr. 2085 und Nr. 2102 findet vorerst leider keine befriedigende Erklärung. Ein Blick auf den Gang ihrer Meridiankreiskörper zeigt, daß in beiden Fällen eine beträchtliche, hier negative, dort positive E. B. in Deklination nach Größe und Vorzeichen scheinbar gut verbürgt ist. Andererseits ist in den photographischen E. B. weder in den Einzelwerten noch im Mittel irgendeine Stütze für einen $1''/100^a$ übersteigenden Betrag zu finden. Angesichts dieser Umstände ist der Ausschluß beider Sterne von der Ermittlung der Reduktion auf absolute E. B. zweifellos vollkommen gerechtfertigt.

Das besondere Interesse an Fragen nach Rotation und Expansion des Orion-Sternhaufens macht es wünschenswert, die Richtigkeit der nur auf den Vergleich der E. B.-Komponenten in Deklination gestützten Annahmen $u \approx 0, v \approx 0$ auf eine möglichst unabhängige Weise zu prüfen. Da, wie gesagt, die Auslese haufenfremder Sterne mit kleinen E. B. kaum in zuverlässiger Art möglich ist, muß man sich — ein gewiß etwas ungewohntes Vorgehen — auf die durch die Größe ihrer E. B. als Vordergrundsterne erkennbaren Objekte stützen, die in ihrer Gesamtheit keine irgendwie nach dem Zentrum des Orionhaufens orientierten Bewegungstendenzen zeigen dürften.

Mit voller Sicherheit darf angenommen werden, daß jene 32 Sterne unseres Kataloges, deren E. B. im Großkreisbogen größer als $2''/100^a$ sind, keine Mitglieder des Orionhaufens sein können; denn in dessen Entfernung von mehr als 500 pc würde dies Transversalgeschwindigkeiten von über 47 km/s entsprechen. In Vorwegnahme eines Ergebnisses aus Kap. III kann diese Grenze sogar noch tiefer gerückt und dürfen alle Sterne mit E. B. über $1\overset{''}{.}5/100^a$ als Nichtmitglieder des Haufens betrachtet werden, deren Anzahl sich somit auf mindestens 43 erhöht.

Für den hier angestrebten Zweck war es allerdings notwendig, jene fünf Sterne mit $|\mu| > 9''/100^a$ von den nachfolgenden Rechnungen auszuschließen, weil jeder einzelne von ihnen das Gesamtergebnis mit übergroßem Gewicht einseitig beeinflußt hätte. Diese Abgrenzung ist keineswegs willkürlich vorgenommen, sondern sie ergab sich ganz von selbst dadurch, daß unser Katalog keine einzige E. B. in dem Bereich zwischen $7''$ und $9''/100^a$ enthält.

Um den Einfluß der Sternauswahl auf die Ergebnisse besser abschätzen zu können, wurden in formaler Analogie zu den vorausgegangenen Systemvergleichen nunmehr die E. B. der mutmaßlichen Vordergrundsterne selbst in drei verschiedenen Varianten auf allfällige gemeinsame Bewegungstendenzen und Andeutungen einer Pseudo-Orientierung nach dem Orionhaufen untersucht:

a) Die 27 Sterne mit $2''/100^a \leq |\mu| \leq 7''/100^a$ ergaben unter der Voraussetzung, daß die Quadratsumme ihrer Pekuliarbewegungen einschließlich der zufälligen Fehler ein Minimum sei

$$\begin{aligned}\mu_x &= + 0\overset{''}{.}63 - 0{,}04\,X + 0{,}00_1\,Y + \mu_x\,\text{(pec)},\\ \mu_y &= - 1\overset{''}{.}98 - 0{,}04\,Y - 0{,}00_1\,X + \mu_y\,\text{(pec)}.\end{aligned} \quad (6\,\text{a})$$

b) Alle 38 Sterne mit $1\overset{''}{.}5/100^a \leq |\mu| \leq 7''/100^a$ unter den gleichen Voraussetzungen und mit gleichen Gewichten lieferten

$$\begin{aligned}\mu_x &= + 0\overset{''}{.}70 + 0{,}016\,X + 0{,}023\,Y + \mu_x\,\text{(pec)},\\ \mu_y &= - 1\overset{''}{.}34 + 0{,}016\,Y - 0{,}023\,X + \mu_y\,\text{(pec)}.\end{aligned} \quad (6\,\text{b})$$

c) Dieselben Sterne, jedoch unter Zuteilung des dreifachen Gewichtes an 11 darin enthaltene Sterne aus Strands Katalog, erbrachten das vom vorigen nur wenig abweichende Ergebnis

$$\mu_x = + 0{,}''97 + 0{,}010\,X - 0{,}025\,Y + \mu_x\,(\text{pec}),$$
$$\mu_y = - 1{,}''19 + 0{,}010\,Y + 0{,}025\,X + \mu_y\,(\text{pec}).$$
(6 c)

Die durchaus merklichen Absolutglieder dieser Formeln können nach ihrer Größe und ungefähren Richtung — letztere weicht im Falle (a) nur ganz wenig, aber selbst im ungünstigsten Falle (c) um nicht mehr als etwa 35° vom erwarteten Sollwert ab — als Mittelwerte des säkularparallaktischen Effektes verstanden werden. Unter der Voraussetzung einer Basic Solar Motion von 15,5 km/s würde sich daraus ergeben

$\overline{r^{-1}} = 0{,}021\ pc^{-1}$ (Fall a), bzw. $\overline{r^{-1}} = 0{,}017\ pc^{-1}$ (Fälle b und c).

Diese Werte sind für die Gruppe der sicheren Vordergrundsterne durchaus plausibel.

Von einer Pseudo-Rotation der Vordergrundsterne kann gewiß keine Rede sein. Im Falle (a) ergab sich der Koeffizient, der gegebenenfalls ($-v$) entsprechen würde, verschwindend klein. Aber auch in den Fällen (b) und (c) zeigt die Geringfügigkeit des Absolutbetrages von v und die Umkehrung des Vorzeichens bei Änderung der Gewichtszuteilung, daß die früher angenommene Orientierung des Bewegungsfeldes richtig ist.

Der andere Koeffizient, der ($-u$) entspräche, ändert sein Vorzeichen bei Hinzunahme der 11 Sterne mit E. B. zwischen $1{,}''5$ und $2{,}''0/100^a$ und nimmt den kleinsten, bereits ganz unerheblichen Betrag im Falle (c) an, wo die bestverbürgten E. B. mit höherem Gewicht mitgestimmt haben. Es kann allerdings im Hinblick auf (6 a) nicht völlig ausgeschlossen werden, daß möglicherweise doch ein kleiner positiver Skalenfaktor am Platze gewesen wäre.

Für die Fälle (b) und (c) würde sich die Resultante der Absolutglieder noch besser der theoretisch erwarteten Richtung der parallaktischen Bewegung anpassen, wenn s und vielleicht auch t innerhalb ihres Fehlerspielraumes algebraisch verkleinert würden; für den Fall (a) hätte dies keine nennenswerte Verschlechterung zur Folge. Der Betrag der parallaktischen Bewegung ist jedoch zu groß, um auf diesem Wege eine quantitativ faßbare Verbesserung von s und t abzuleiten.

III. Das Bewegungsfeld der Haufenmitglieder

Um den Bewegungszustand der dem Sternhaufen physisch angehörigen Sterne zu untersuchen, wäre vor allem eine möglichst vollständige Aussonderung aller Nichtmitglieder erforderlich. Von 32 Sternen mit E. B. über $2''/100^a$ durfte ihre Nichtzugehörigkeit ohne weiteres angenommen werden. Die Zusammenstellung eines HRD aller Sterne mit bekannten Spektren ließ darüber hinaus nur den Stern Parenago Nr. 1441 deutlich als Vordergrundobjekt erkennen, zumal auch seine E. B. der vorgenannten Grenze ziemlich nahekommt. Alle übrigen Sterne wurden einzeln — späterhin mit Hilfe eines zweckentsprechenden Maschinenprogramms von W. Tscharnuter — darauf untersucht, ob sie sich auffallend vom Bewegungsfeld ihrer näheren Umgebung unterschieden, und, sofern dies zutraf, ausgesondert. Bis zu Absolutwerten der E. B. von $1\rlap{.}''5/100^a$ herunter war dies ohne jede Ausnahme der Fall, so daß diese Objekte noch als sichere „Feldsterne" in die Überprüfung des Absolutanschlusses (Kap. II) einbezogen werden durften.

Nun war zunächst die Translationsgeschwindigkeit des Haufenschwerpunktes zu ermitteln. In der gewiß berechtigten Annahme, daß in dem sternreichen Zentralgebiet, dessen Radius für diesen Zweck mit $380''$ um θ^1 C Orionis festgesetzt wurde, der Prozentsatz etwa unerkannt gebliebener haufenfremder Sterne am geringsten und die wechselseitige Kompensation innerer systematischer und zufälliger Bewegungen am vollkommensten sein werde, konnte hier einfach das arithmetische Mittel aller E. B. unter $1\rlap{.}''5/100^a$ (77 Sterne) der Schwerpunktsbewegung des Haufens gleichgesetzt werden. Diese ergab sich zu

$$\mu_{xc} = +0\rlap{.}''19/100^a; \quad \mu_{yc} = +0\rlap{.}''16/100^a. \tag{7}$$

Als absolute E. B. sind diese Zahlen natürlich mit dem vollen Betrag der möglichen Ungenauigkeit des Absolutanschlusses unvermeidlicherweise behaftet, die von gleicher Größenordnung wie die Werte (7) ist. Nach dem am Schlusse von Kap. II Gesagten ist mit der Möglichkeit zu rechnen, daß letztere beide noch kleiner wären. Aber auch wenn sie keiner nennenswerten Korrektur bedürftig wären, würde ihre Abweichung von der „idealen" galaktischen Bewegung (Ferrari, 1966) zwar der Richtung nach auffallend sein, aber gleichwohl durchaus im

Rahmen der normalen Pekuliarbewegungen von Objekten der Population I bleiben.

Diese Unsicherheit in der Absolutbewegung kann sich aber nicht auf die folgenden Untersuchungen über die internen Bewegungen auswirken, die wir selbstverständlich auf den Haufenschwerpunkt beziehen, indem wir setzten:

$$\mu_x' = \mu_x - 0\overset{''}{,}19 \quad \text{und} \quad \mu_y' = \mu_y - 0\overset{''}{,}16. \tag{8}$$

Selbstverständlich wäre es denkbar, daß mindestens in der Projektion auf die Sphäre scheinbar nur regellose Bewegungen vorhanden wären. Wenn aber überhaupt echte systematische Bewegungstendenzen erkennbar sein sollten, werden sie sicherlich deutlicher in den auf das Haufenzentrum hin orientierten Polarkoordinaten als in den physisch nichtssagenden rechtwinkeligen Koordinaten hervortreten. Es wurden daher die Bewegungskomponenten

$$U = \frac{1}{R}(X \mu_x' + Y \mu_y') \quad \text{und} \quad W = \frac{1}{R}(Y \mu_x' - X \mu_y') \tag{9}$$

$$\text{mit } R = \sqrt{X^2 + Y^2},$$

sowie die daraus abgeleiteten reziproken Zeiten

$$10^6 \, u = 10 \, U/R \quad \text{und} \quad 10^6 \, w = 10 \, W/R \tag{10}$$

untersucht. Für U und W wurden die aus den bisherigen Betrachtungen gewohnten Einheiten $''/100^a$ beibehalten. Dagegen wurden die Faktoren in den Formeln (10) so festgesetzt, daß die Reziproken der linken Seiten Vielfache von 10^6 Jahren ergeben. Das hier vorkommende u ist den bisher ebenso bezeichneten Reduktionsgrößen zwar analog, aber der Bedeutung nach doch von ihnen verschieden. Würde sich nämlich für dieses u ein mehr oder minder einheitlicher Wert aus allen Teilen des Sternhaufens ergeben, so wäre $1/u$ als „Expansionsalter" in Jahren zu deuten.

Eine erste Aufgliederung des Feldes wurde in 7 konzentrischen Ringen so vorgenommen, daß jeder Ring annähernd eine gleiche Anzahl Sterne enthielt; innerhalb jedes Ringes wurden Sektoren nach den vier Quadranten der Positionswinkel gebildet. Wohl zeigte sich schon jetzt ein deutliches Überwiegen negativer Werte in W und w sowie ein sehr uneinheitliches Verhalten der U-Werte. Aber es ergab sich der Eindruck, daß die Anzahl der Sterne in mehreren der entstandenen 28 Felder zu gering war, um ohne Willkür die Grenze zwischen Haufenmitgliedern und Außenseitern auf Grund der beobachteten Abweichung von den lokalen Mittelwerten zu ziehen. Daher wurde die Anzahl der Kreisringe auf vier vermindert: A = Außenring, M = Mittlerer Ring, I = Innerer Ring, C = Zentralgebiet. Die Sektoren wurden nach zwei Varianten in der Abgrenzung der Quadranten, bzw. in den Ringen A und M einmal auch Sextanten, gebildet. Ein verfeinertes Maschinenprogramm sorgte dafür, daß in jedem Ringsektor jene zwei Sterne mit den größten Abweichungen vom jeweiligen gewogenen Mittelwert automatisch ausgeschieden und die ganze Rechnung hernach wiederholt wurde. In sorgfältiger Prüfung jedes einzelnen solchen Falles wurde dann untersucht, welche Sterne tatsächlich besonders stark vom Bewegungszustand ihrer Umgebung abwichen. Als Richtlinie dafür galt, daß vor allem solche Sterne mit hoher Wahrscheinlichkeit als Nichtmitglieder zu betrachten seien, die bei beiden einander überlappenden Sektoreneinteilungen automatisch eliminiert worden waren, oder solche, die in beiden Komponenten U und W stark auffielen. In Zweifelsfällen wurde an Hand der ausgedruckten Einzelwerte darüber entschieden, ob ein Stern aus den definitiven Mittelwerten beider Sektoreneinteilungen zu eliminieren oder in beiden beizubehalten sei.

Im Katalog am Schlusse dieser Arbeit sind alle mutmaßlichen Nichtmitglieder des Haufens durch einen Asterisk gekennzeichnet. Es sind insgesamt 54, darunter jedoch nur 11 Sterne mit E. B.-Beträgen kleiner als 1,5/100[a]. Diese kleine Anzahl irgendwie zweifelhafter Fälle und die Verteilung der ausgeschiedenen Sterne vorzugsweise auf die äußeren Bereiche gibt die Gewähr, daß kaum ein physisches Haufenmitglied fälschlich ausgeschlossen wurde.

Eine Übersicht über die Ergebnisse der Untersuchung auf systematische Bewegungstendenzen gibt Tabelle 4. Horizontal sind die einzelnen Ringzonen mit den Begrenzungen und auf volle Zehnersekunden abgerundeten Mittelwerten ihrer Radien, vertikal die Positionswinkel, von Nord über Ost gezählt, aufgetragen. Die zwei Varianten der Sektoreneinteilung liegen in jedem Ring unmittelbar nebeneinander. In

Tabelle 4. Übersicht über Rotations- und Expansions- oder Kontraktionsgeschwindigkeiten in Ringsektoren von 90° und 60° Öffnung

Ring θ	A 1200″ $\overline{R} = 1800″$		M 580″ $\overline{R} = 760″$		I 280″ $\overline{R} = 410″$		C 150″ $\overline{R} = 200″$
30°		− 0,83 ± 37				− 1,52 ± 50 31° (23) 417″	− 1,61 26° (15) 174″
60°	− 0,80 ± 40 82° (11) 1713″	(7) − 2,36 ± 1,03	− 1,22 ± 79 85° (20) 638″	− 0,17 ± 68	− 0,82 ± 17 97° (12) 391″	− 0,54 ± 1,49	+ 1,49
90°		− 1,18 ± 45 (8) − 1,83 ± 46		− 1,48 ± 56 − 0,95 ± 48		− 1,83 ± 67 145° (24) 434″	− 3,03 138° (21) 214″
120°	− 1,88 ± 70		− 1,62 ± 61		− 1,52 ± 2,01		
150°	− 0,78 ± 20 182° (30) 1812″	− 0,74 ± 22	− 0,44 ± 40 165° (20) 712″	(23) − 1,81 ± 70	− 0,96 ± 52 183° (43) 407″	− 0,46 ± 78	− 8,14
180°		− 1,09 ± 29		− 1,30 ± 72		− 0,71 ± 44 224° (42) 379″	− 4,08 225° (12) 210″
210°	− 1,19 ± 28	− 0,39 ± 46	− 1,07 ± 76	(11) + 0,30 ± 1,17	− 0,10 ± 86		
240°	− 0,80 ± 36 270° (21) 1471″	(13) + 0,54 ± 40	− 0,16 ± 53 258° (33) 734″	+ 0,14 ± 59	− 1,11 ± 68 268° (27) 399″	+ 0,22 ± 98	− 3,65
270°		− 1,03 ± 36		+ 0,31 ± 1,02		− 1,74 ± 93 316° (22) 407″	− 2,57 324° (9) 208″
300°	+ 0,29 ± 34	(10) − 0,30 ± 33	+ 0,09 ± 82	− 1,47 ± 42	+ 0,35 ± 1,06		
330°	− 0,53 ± 27 14° (23) 1846″	− 0,54 ± 28	− 1,58 ± 38 6° (68) 807″	(20) + 0,18 ± 38	− 2,35 ± 54 6° (28) 428″	+ 0,32 ± 1,37	+ 9,45
360°		− 0,43 ± 32		− 1,59 ± 67			
30°	− 0,62 ± 32		+ 1,02 ± 43	(51) + 1,38 ± 64	+ 0,24 ± 1,07		

(Fortsetzung von Tabelle 4: gewogenen Mittelwerte)

Ring	A 1200″	M 580″	I 280″	C 150″
	$\overline{R} = 1800″$	$\overline{R} = 760″$	$\overline{R} = 410″$	$\overline{R} = 200″$
$10^6\,\overline{w}$	$-0{,}72 \pm 0{,}15$	$-1{,}03 \pm 0{,}25$	$-1{,}″33 \pm 0{,}27$	$-2{,}8 \pm 0{,}5$
$10^2\,\overline{Rw}$	$-0{,}″13 \pm 0{,}″03$	$-0{,}″09 \pm 0{,}″02$	$-0{,}″06 \pm 0{,}″01$	$(-0{,}″06)$
$10^6\,\overline{u}$	$-0{,}76 \pm 0{,}19$	$+0{,}18 \pm 0{,}31$	$-0{,}″07 \pm 0{,}47$	$(-1{,}9)$
$10^2\,\overline{Ru}$	$-0{,}″13 \pm 0{,}″03$	$+0{,}″01 \pm 0{,}″02$	$0{,}″00 \pm 0{,}″03$	$(-0{,}″04)$
$[G]\,\overline{R}^{\,2}$	275	81	19	2,6

In jedem Ringsektor bedeuten die oberen Zahlen: w Rotation (— im Uhrzeigersinn); die unteren Zahlen: u (+ Expansion, — Kontraktion), jede mit ihrem mittleren Fehler. In der Mitte eingeklammert: Gewichtsumme (in A: gleich Sternanzahl, in M, I und C annähernd gleich dreifacher Sternanzahl). Oberhalb und unterhalb der Mitte sind in den Quadrantsektoren θ und R des Lageschwerpunktes angegeben.

jedem Einzelsektorfeld sind oberhalb der Mitte die Werte $10^6\,w$, unterhalb der Mitte $10^6\,u$ je mit ihren Standardabweichungen eingetragen. Dazwischen steht in Klammern das „Gewicht", das im Ring A meist gleich der Anzahl der mitstimmenden Haufenmitglieder, in den übrigen Ringen aber ungefähr gleich der dreifachen Sternanzahl, bedingt durch den starken Anteil an Objekten aus dem Katalog von Strand, ist. In den Quadrantfeldern blieb oberhalb und unterhalb der Gewichtszahl noch Platz für die Eintragung von Positionswinkel und Abstand des Schwerpunktes der jeweils gemittelten Sterne. Bei der geringeren Ausdehnung der Sextantsektoren kann diese Angabe leichter entbehrt werden.

Es sei hier nochmals ausdrücklich betont, daß die Mittelbildung stets über die für jeden Stern einzeln berechneten Werte u und w, bzw. U und W erfolgte, ein Vorgang, der offenbar auch dann sinnvoll bleibt, wenn Quadrantsektoren oder selbst ganze Kreisringe einbezogen werden.

Anstelle einer gleichartigen Tabulierung der Werte U und W wurde es als zweckmäßiger angesehen, diese in Form einer Abbildung darzustellen. Die Bewegungskomponenten sind im Verhältnis zu den Lagekoordinaten der jeweiligen Sektorenschwerpunkte in solchem Maßstab dargestellt, daß sie dem in einem Zeitraun von 200 000 Jahren zurückgelegten Weg entsprechen. Die dort beigeschriebenen Zahlen bedeuten Gewichte.

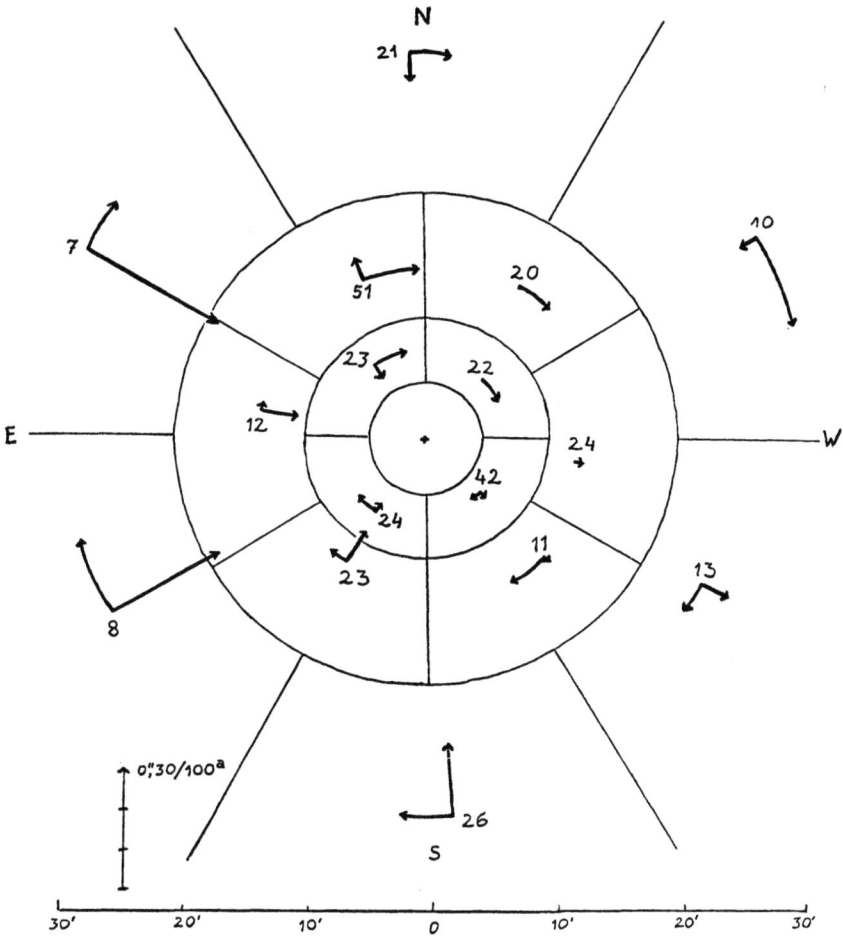

Abb. 1. Systematische Sternbewegungen im Bereich des Orion-Nebels relativ zum Zentralgebiet. Die beigeschriebenen Zahlen bedeuten Gewichte.

Man sieht hier wie in der Tabelle auf einen Blick, daß die Bewegungen vom oder zum Zentrum des Haufens sehr uneinheitlich sind. Schon innerhalb der einzelnen Ringsektoren streuen die Einzelwerte häufig bedeutend stärker um den lokalen Mittelwert, als dies in den Rotationskomponenten der Fall ist. Insgesamt halten positive und negative Vorzeichen in u (d. h. Expansions- und Kontraktionstendenzen) einander fast die Waage. In Ring A überwiegt entschieden zentripetale Bewegung. In den Ringen M und I sind die geringen Absolutbeträge der Ring-Mittelwerte überhaupt nicht verbürgt. Sogar wenn man im Hinblick auf Formel (6 a) allen u-Werten der Tabelle 4 den sicherlich zu hoch gegriffenen Korrekturbetrag $+ 0{,}40$ hinzufügte, würde die Einwärtsbewegung in Ring A keineswegs beseitigt, sondern nur etwa auf die Hälfte ihrer Geschwindigkeit reduziert; in M würde die schwache Expansionstendenz so weit verstärkt, daß sie den m. F. ein wenig übersteigen würde, während dieser in Ring I noch immer größer bliebe als der sehr geringe mittlere Expansionsbetrag. Unser Material gibt also keinen Anhalt für die Berechnung eines sogenannten ,,Expansionsalters". Ein kleiner Wert eines solchen, etwa in der Größenordnung von nur 10^6 Jahren, scheint jedenfalls ausgeschlossen zu sein.

Um vieles einheitlicher erweist sich das Verhalten der Rotationskomponenten. Unter den Mittelwerten von w wurde in einem einzigen Fall, nämlich in Ring M in dem beim Positionswinkel $270°$ zentrierten Sextantsektor ein kleiner und nach Ausweis des m. F. nicht verbürgter positiver Wert festgestellt. Alle übrigen Mittelwerte sind negativ, d. h. die Rotation erfolgt, vom Beschauer aus gesehen, im Uhrzeigersinn. Die Schwankungen innerhalb der einzelnen Ringe legten den Gedanken nahe, daß die bevorzugte Ebene der Umlaufsbewegung gegen die Tangentiale der Sphäre etwas geneigt sein könnte. Ein darauf abgestimmtes Rechenprogramm führte zu dem Ergebnis, daß ein flaches Minimum der Quadratsumme der Abweichungen von w vom jeweiligen Mittelwert des ganzen Ringes für einen Neigungswinkel zwischen $15°$ und $20°$ mit der Knotenlinie im Positionswinkel $40° - 220°$ zu verzeichnen war. Die Umlaufsperiode wird dadurch nur unwesentlich beeinflußt. Sie würde im Mittel betragen

Ring A ... $8{,}7 \cdot 10^6$ Jahre
M ... $6{,}1 \cdot 10^6$ Jahre
I ... $4{,}7 \cdot 10^6$ Jahre
C ... $2{,}2 \cdot 10^6$ Jahre

Die Unsicherheit dieser Werte liegt um je etwa 20 Prozent ihres Betrages.

Die offensichtlich verbürgte Zunahme der Winkelgeschwindigkeit von außen nach innen legt den Versuch einer Abschätzung der das Feld bestimmenden Masse nahe. Für die mittlere Massendichte innerhalb einer Massenkugel, die mit der Winkelgeschwindigkeit w in einer Kreisbahn umlaufen wird, findet man aus bekannten Überlegungen

$$\overline{\rho(R)} = 53{,}07 \cdot (10^6\, w)^2\; [M_\odot\, \mathrm{pc}^{-3}\, \mathrm{a}^2]. \tag{11}$$

Da ferner in der Entfernung 1 kpc 206″ einem Parsec entsprechen, ergeben sich für den Rundwert der Entfernung des Orion-Nebels 500 pc nachstehende mittlere Massendichten und Gesamtmassen je innerhalb der einzelnen Ringe:

Ring	$\overline{R}''$	$\overline{R}$ pc	$10^6\, w$	$\overline{\rho(R)}$	$M/M_\odot$
I	410	1,00	1,33	94	390
M	760	1,84	1,03	56	1460
A	1800	4,36	0,72	28	9600

Angesichts der tatsächlich sehr ungleichmäßigen Sternverteilung und der ebenfalls chaotisch gestalteten Nebelmassen kann ein so einfaches dynamisches Modell wohl kaum mehr als eine Abschätzung der Größenordnungen liefern. Immerhin erscheinen die errechneten Werte der mittleren Massendichte plausibel. Die Gesamtmasse, jeweils bis zu $\overline{R}$ gerechnet, liegt, soweit hier angeschrieben, wohl auch nicht allzu weit von der Wahrheit entfernt, falls der angenommene Abstand des Nebels von uns nicht etwa eine wesentliche Korrektur erfahren sollte. Für eine fundierte Extrapolation sind aber die Grundlagen zu unsicher. Jedoch ist es wenig wahrscheinlich, daß die Gesamtmasse auch nur das Doppelte des zuletzt angeschriebenen Wertes erreicht. Sie mag in der Gegend von 15000 $M_\odot$ liegen.

Zuletzt haben wir den Herren Prof. Dr. Steinhauser (Zentralanstalt für Meteorologie und Geodynamik) und Prof. Dr. Stetter (Institut für Numerische Mathematik der T. H. Wien) für die Möglichkeit der Benutzung ihrer Rechenanlagen, sowie Dozent Dr. Cehak und

Dr. W. Tscharnuter für die Programmierung unserer Probleme und die Überwachung der Maschinenrechnungen zu danken.

Literatur

Ferrari d'Occhieppo, K.: Ideale Eigenbewegungen galaktischer Objekte. Österr. Akademie d. Wiss. Wien, math.-naturw. Kl., SB II. **175** (1966) 189. = Mitt. Univ.-Sternwarte Wien **13**, 131.

Ferrari d'Occhieppo, K.: Über Systeme von Bewegungskoordinaten in der Umgebung des Oriontrapezes. Österr. Akad. d. Wiss. Wien, math.-naturw. Kl., Anz. **104** (1967) 176. = Mitt. Univ.-Sternwarte Wien **14**, 21.

Meurers, J., und H. J. Sandmann: Untersuchungen über Eigenbewegungen im Gebiet des Orionnebels. Veröff. Univ.-Sternwarte Bonn, Nr. 65 (1963).

Parenago, P. P.: Untersuchungen der Sterne im Gebiet des Orionnebels (russisch). Trudij Sternberg Institut, Moskau (1954).

Strand, K. Aa.: Stellar Motions in the Orion Nebula Cluster, Astrophys. J. **128** (1958) 14.

Erläuterung zum folgenden Katalog

P.-Nr.: Nummer des Sterns im Katalog von Parenago;

X, Y: Genäherte rechtwinkelige Koordinaten in Bogensekunden, bezogen auf θ^1 C Orionis;

$R = \sqrt{X^2 + Y^2}$;

μ_x, μ_y: Komponenten der absoluten Eigenbewegung im System des FK4, in Bogensekunden pro 100 Jahre;

G: Rundwert des Gewichtes dieser Eigenbewegungen; vergleiche dazu Seite 332!

*: Diese Sterne wurden als wahrscheinliche Nichtmitglieder des Haufens bei der Berechnung der systematischen Bewegungstendenzen (Tabelle 4 und Abbildung 1) ausgeschlossen; vergleiche dazu Seite 344!

Systematische Bewegungen der Sterne im Orion-Nebel

Katalog der Eigenbewegungen

P.-Nr.	X	Y	R	μ_x	μ_y	G
967	−2353,	−504,	2406,	−0,03	−0,47	1
971	−2336,	−2207,	3214,	−0,23	−3,60	1*
972	−2333,	1110,	2584,	−0,30	−0,40	1
986	−2296,	1608,	2803,	1,52	−3,20	1*
1001	−2260,	1516,	2721,	0,03	−0,93	1
1022	−2198,	458,	2245,	−0,36	1,01	1
1026	−2156,	−1178,	2457,	−0,26	−0,37	1
1034	−2154,	813,	2303,	0,34	0,05	1
1051	−2092,	512,	2154,	1,70	−2,68	1*
1076	−2002,	−207,	2013,	0,38	0,15	1
1089	−1955,	−698,	2076,	0,92	1,43	1*
1097	−1929,	153,	1935,	0,23	−0,14	1
1158	−1711,	−312,	1739,	−2,45	−6,32	1*
1175	−1675,	108,	1678,	0,14	−1,75	1*
1180	−1650,	888,	1874,	0,47	−0,31	1
1189	−1621,	2354,	2858,	0,32	−1,10	1
1185	−1595,	1524,	2206,	−0,13	−0,22	1
1196	−1592,	−2394,	2875,	0,31	0,63	1
1199	−1576,	−1335,	2065,	−4,74	−8,23	1*
1212	−1543,	1082,	1885,	−0,01	0,05	1
1229	−1479,	−228,	1496,	0,13	0,30	1
1241	−1440,	1335,	1964,	0,06	−0,08	1
1259	−1357,	807,	1579,	−0,29	1,03	1*
1270	−1318,	−2046,	2434,	0,18	0,35	1
1281	−1295,	−578,	1418,	0,22	0,47	1
1284	−1288,	−1358,	1872,	6,66	1,84	1*
1293	−1243,	393,	1304,	−4,41	1,49	1*
1306	−1205,	−793,	1443,	0,12	−4,41	1*
1307	−1201,	−941,	1526,	0,45	−0,46	1
1322	−1145,	2307,	2575,	−0,09	0,27	1
1361	−1021,	772,	1280,	1,10	−0,18	1*
1374	−976,	17,	976,	0,16	0,25	1
1391	−924,	682,	1149,	0,21	0,33	2
1393	−922,	−305,	972,	0,41	0,45	1
1394	−920,	−822,	1234,	0,28	0,26	2
1404	−886,	−813,	1203,	0,06	0,02	4
1409	−879,	1105,	1412,	0,42	0,08	1
1423	−849,	−238,	882,	1,28	−1,48	4*
1424	−850,	−427,	951,	0,48	−0,43	1

P.-Nr.	X	Y	R	μ_x	μ_y	G
1426	−832,	2420,	2560,	0,25	−0,26	1
1429	−834,	−945,	1260,	3,76	−0,93	2*
1441	−810,	2097,	2248,	1,77	0,45	1*
1455	−770,	68,	773,	0,09	0,22	4
1459	−750,	−65,	753,	−0,41	−0,05	3
1469	−732,	−68,	735,	−0,60	0,04	4*
1470	−722,	−521,	890,	0,33	−0,02	4
1477	−716,	−103,	723,	0,26	0,19	3
1484	−705,	−42,	706,	0,08	0,22	3
1492	−687,	−251,	731,	0,62	−1,51	4*
1507	−643,	1209,	1369,	0,26	0,07	1
1509	−643,	10,	643,	4,86	−8,60	3*
1510	−631,	−309,	703,	0,27	0,19	4
1511	−627,	−1178,	1335,	0,40	0,33	1
1513	−640,	−1351,	1495,	−0,55	0,32	1*
1515	−629,	1299,	1443,	0,66	2,13	1*
1518	−616,	−535,	816,	0,31	0,25	3
1519	−609,	−1101,	1258,	−0,66	−1,09	1*
1538	−555,	789,	965,	0,15	0,02	4
1540	−547,	−69,	551,	−0,10	0,02	4
1541	−544,	−206,	582,	0,35	0,37	4
1552	−532,	34,	533,	0,24	0,31	3
1553	−538,	−1111,	1234,	0,47	0,37	1
1554	−521,	−1619,	1701,	0,30	0,63	1
1562	−523,	962,	1095,	0,26	0,04	2
1563	−511,	659,	834,	0,06	0,07	3
1569	−501,	190,	536,	0,61	−0,03	1
1574	−486,	1635,	1705,	−0,26	0,33	1
1575	−494,	290,	573,	−0,10	−0,57	4*
1587	−467,	−107,	479,	0,24	0,15	3
1590	−462,	−2172,	2221,	−0,08	1,16	1
1605	−432,	−657,	786,	0,14	−0,02	4
1623	−399,	274,	484,	−0,01	0,18	4
1626	−399,	−1721,	1767,	0,33	0,33	1
1627	−388,	−2197,	2231,	0,43	0,15	1
1633	−385,	−43,	387,	0,24	0,02	3
1634	−381,	−2225,	2257,	0,67	0,37	1
1642	−372,	−115,	389,	0,41	−0,21	3*
1643	−367,	−1143,	1200,	0,35	0,33	1
1649	−356,	−590,	689,	1,68	0,56	4*

P.-Nr.	X	Y	R	μ_x	μ_y	G
1654	−330,	2242,	2266,	0,12	−0,17	1
1657	−319,	−2086,	2111,	0,50	0,27	1
1659	−306,	13,	306,	0,19	0,14	3
1660	−311,	−423,	525,	0,16	0,14	4
1662	−300,	−2326,	2345,	−0,88	3,57	1*
1665	−295,	707,	766,	−0,11	0,21	3
1667	−297,	−497,	579,	0,21	0,20	3
1673	−279,	−33,	281,	0,18	0,09	3
1683	−250,	1092,	1120,	0,26	−0,07	1
1684	−244,	18,	245,	0,07	0,23	3
1685	−243,	−116,	269,	0,34	0,13	4
1694	−228,	−47,	233,	−0,15	0,23	1
1703	−211,	453,	500,	0,03	−0,11	3
1704	−214,	−196,	290,	0,23	0,25	3
1708	−210,	2268,	2278,	0,17	−0,22	1
1709	−208,	2199,	2209,	−2,18	−1,44	1*
1712	−208,	1060,	1081,	0,33	−0,03	1
1716	−210,	−2331,	2340,	0,44	−0,17	1
1719	−195,	2401,	2409,	−0,13	−0,86	1*
1724	−193,	907,	927,	0,00	0,98	4*
1727	−200,	−401,	448,	0,04	−0,20	3
1728	−186,	−2304,	2311,	0,38	−0,47	1
1736	−174,	511,	540,	0,08	0,32	4
1740	−165,	−2140,	2147,	0,27	0,61	1
1744	−161,	665,	685,	−0,06	0,23	4
1746	−160,	−118,	199,	0,19	0,14	4
1754	−148,	−80,	168,	0,30	0,19	1
1757	−140,	−2303,	2307,	−0,17	−0,59	1*
1765	−113,	−507,	519,	0,29	−0,22	1
1768	−111,	−1727,	1731,	0,24	0,37	1
1771	−101,	−5,	101,	0,35	0,02	3
1772	−96,	−271,	288,	0,17	0,28	4
1773	−110,	−398,	413,	0,25	0,29	3
1782	−88,	85,	122,	0,09	−0,03	3
1783	−90,	36,	97,	0,33	−0,30	3
1784	−85,	−22,	88,	0,22	0,08	3
1785	−87,	−176,	197,	0,33	0,25	4
1789	−83,	−2319,	2321,	0,31	0,44	1
1798	−70,	1897,	1899,	−0,22	0,00	1
1799	−72,	385,	392,	0,06	0,29	3

P.-Nr.	X	Y	R	μ_x	μ_y	G
1800	−74,	−160,	176,	0,36	0,13	3
1801	−65,	−514,	518,	0,15	0,20	3
1806	−55,	159,	168,	−0,11	−0,30	1
1807	−58,	−22,	62,	0,36	−0,01	3
1808	−63,	−26,	68,	−0,07	0,24	3
1810	−61,	−797,	799,	1,77	−1,91	3*
1813	−58,	−1935,	1935,	0,01	0,37	1
1817	−49,	2320,	2320,	0,26	0,27	1
1819	−39,	76,	85,	−0,29	0,00	3
1824	−45,	−18,	48,	0,21	−0,20	1
1826	−33,	−62,	70,	−0,00	−0,10	3
1827	−42,	−455,	457,	0,25	0,28	3
1836	−36,	210,	213,	−0,06	0,23	3
1837	−22,	83,	86,	0,44	0,23	3
1839	−27,	49,	56,	0,05	0,03	3
1840	−23,	44,	50,	−0,00	0,15	3
1842	−18,	26,	32,	0,36	−0,03	3
1849	−18,	−1574,	1574,	0,18	0,28	1
1858	−9,	504,	504,	−0,22	−0,22	1
1859	−6,	166,	166,	0,18	0,59	3
1862	−13,	27,	30,	0,09	0,23	3
1863	−5,	16,	17,	−0,26	−0,61	1
1865	−9,	8,	13,	0,25	−0,09	1
1869	−7,	−27,	28,	0,10	−0,08	3
1870	−7,	−31,	32,	0,31	0,39	1
1871	−13,	−41,	43,	0,46	−0,08	3
1872	−14,	−112,	113,	0,25	0,42	3
1877	−3,	−1700,	1700,	0,85	0,49	1
1884	11,	107,	108,	0,36	0,16	3
1885	6,	98,	98,	0,21	0,19	4
1886	6,	61,	61,	0,15	0,02	3
1887	9,	50,	51,	0,19	0,18	3
1888	7,	22,	23,	0,07	0,30	3
1889	12,	6,	13,	0,41	0,37	1
1891	0,	0,	0,	−0,73	−0,37	1
1893	10,	−12,	16,	−0,11	0,20	3
1895	−1,	−41,	41,	0,52	0,01	3
1896	4,	−42,	42,	0,18	0,23	3
1898	5,	−951,	951,	−0,84	−0,82	1*
1901	10,	−2413,	2413,	0,07	0,30	1

P.-Nr.	X	Y	R	μ_x	μ_y	G
1905	12,	1169,	1169,	−0,04	0,05	1
1906	29,	406,	407,	0,03	0,19	3
1909	13,	47,	49,	0,16	−0,20	1
1910	22,	37,	43,	0,36	0,35	3
1911	16,	27,	31,	0,21	0,70	1
1913	26,	−13,	29,	0,22	0,21	3
1914	14,	−140,	141,	0,17	0,14	1
1921	35,	430,	431,	0,08	−0,07	3
1922	31,	170,	173,	0,18	0,20	4
1923	38,	165,	169,	0,13	0,20	4
1924	35,	102,	108,	−0,05	0,40	1
1925	29,	46,	54,	0,24	0,20	3
1926	33,	27,	43,	0,49	0,22	3
1927	33,	10,	34,	0,06	0,03	3
1935	45,	1861,	1862,	0,35	0,05	1
1937	55,	146,	156,	0,17	0,36	3
1939	54,	110,	123,	0,33	0,06	3
1940	48,	−63,	79,	0,10	0,18	3
1950	50,	1714,	1715,	0,41	0,39	1
1953	61,	848,	850,	−0,16	0,16	4
1955	64,	671,	674,	−0,00	0,01	1
1956	62,	99,	117,	0,22	0,14	4
1961	68,	−26,	73,	0,12	0,34	3
1962	55,	−196,	204,	0,17	0,45	3
1970	69,	1889,	1890,	0,18	−0,16	1
1971	88,	853,	858,	0,28	0,27	3
1972	86,	175,	195,	0,32	0,25	3
1973	80,	−30,	85,	0,13	0,39	3
1974	72,	−94,	118,	0,15	0,08	3
1975	74,	−200,	213,	0,17	0,55	3
1976	68,	−479,	484,	0,49	−0,01	1
1977	79,	−683,	688,	0,06	0,32	1
1988	103,	753,	760,	0,40	0,60	3
1990	91,	−20,	93,	0,04	0,19	3
1992	85,	−61,	105,	0,22	0,40	3
1993	96,	−94,	134,	−0,04	0,45	3
1996	102,	−1663,	1666,	0,50	0,42	1
2001	115,	−443,	458,	0,33	0,18	4
2006	138,	815,	827.	−0,08	0,61	3
2007	132,	757,	768,	0,01	0,47	3

P.-Nr.	X	Y	R	μ_x	μ_y	G
2008	129,	−22,	131,	0,14	−0,22	3
2011	119,	−76,	141,	0,22	−0,07	3
2012	116,	−115,	163,	0,20	0,23	3
2017	129,	2154,	2158,	0,30	0,12	1
2020	136,	885,	895,	0,08	0,15	4
2021	142,	492,	512,	−0,76	1,48	4*
2022	139,	−417,	440,	0,40	0,20	1
2029	155,	738,	754,	0,30	0,01	3
2030	147,	610,	627,	2,37	0,35	4*
2031	148,	−96,	176,	−0,00	0,12	4
2032	149,	−136,	201,	0,29	0,19	4
2033	148,	−252,	292,	0,29	0,20	4
2035	163,	−1492,	1501,	0,43	0,33	1
2036	153,	−1664,	1671,	0,28	0,53	1
2037	158,	−1968,	1974,	0,49	−0,15	1
2043	160,	1703,	1710,	0,74	−1,14	1*
2046	176,	−94,	200,	−0,07	0,35	1
2047	164,	−183,	246,	0,06	0,42	3
2048	166,	−715,	734,	0,07	0,37	3
2050	170,	−1625,	1634,	0,02	0,41	1
2051	165,	−1977,	1984,	0,62	0,51	1
2058	181,	−175,	252,	−0,04	0,33	4
2065	198,	1750,	1762,	0,27	0,19	1
2069	207,	−568,	605,	0,23	0,38	4
2073	221,	472,	521,	0,16	0,39	3
2074	217,	443,	493,	0,16	0,29	4
2075	221,	270,	349,	0,25	0,20	3
2076	210,	−58,	218,	0,36	0,26	3
2080	213,	−1882,	1894,	0,35	0,79	1
2083	228,	1991,	2004,	0,06	−0,10	1
2084	230,	838,	869,	0,17	0,27	3
2085	225,	−111,	251,	0,21	0,46	1
2086	230,	−583,	626,	0,10	0,27	3
2098	239,	−337,	413,	1,68	−0,28	3*
2100	243,	−465,	525,	0,09	0,20	4
2102	253,	1025,	1056,	0,18	0,14	1
2111	281,	119,	305,	0,23	0,22	3
2112	276,	−349,	445,	0,16	0,33	3
2118	280,	666,	722,	0,07	0,22	4
2119	291,	661,	722,	0,34	−0,64	1*

P.-Nr.	X	Y	R	μ_x	μ_y	G
2124	304,	−2494,	2512,	0,08	−0,28	1
2131	314,	1827,	1854,	−0,11	0,75	1
2133	312,	−193,	367,	0,29	−4,70	3*
2140	318,	1808,	1836,	0,41	−0,22	1
2143	337,	871,	934,	0,28	0,43	3
2148	362,	867,	940,	0,01	0,83	3*
2149	354,	358,	503,	−0,20	−0,01	1
2157	359,	−215,	418,	0,10	0,96	3*
2164	389,	194,	435,	16,87	−0,28	3*
2167	384,	−285,	478,	0,09	0,31	4
2168	369,	−765,	849,	−0,07	−20,50	1*
2172	399,	851,	940,	−0,09	0,62	3
2173	392,	693,	796,	0,19	0,36	3
2174	389,	585,	703,	2,51	−3,26	4*
2185	401,	−780,	877,	0,23	0,26	3
2194	420,	−520,	668,	6,62	−7,90	4*
2200	433,	−284,	518,	0,31	0,11	3
2208	456,	332,	564,	−0,13	−0,02	3
2216	459,	778,	903,	−0,07	0,24	4
2217	459,	390,	603,	−0,37	0,51	4*
2219	471,	−2235,	2284,	−0,97	−2,62	1*
2235	495,	−718,	872,	0,34	−0,11	3*
2244	514,	920,	1054,	0,12	0,41	4
2247	511,	−306,	595,	0,15	0,28	4
2248	510,	−1018,	1139,	0,10	0,29	1
2252	527,	1104,	1223,	−0,06	−0,06	1
2253	532,	−319,	620,	0,09	0,50	3
2257	536,	2027,	2097,	0,07	0,42	1
2261	552,	1522,	1618,	0,02	0,36	1
2271	572,	−853,	1027,	0,46	0,07	1
2279	621,	635,	888,	−0,55	1,57	3*
2284	628,	59,	630,	0,02	0,00	4
2290	641,	1644,	1765,	−0,61	−0,01	1
2292	647,	−989,	1182,	2,73	0,01	1*
2302	676,	2304,	2401,	−0,03	0,01	1
2305	678,	354,	765,	0,14	0,25	3
2317	703,	978,	1204,	0,16	−1,27	1*
2333	750,	−1202,	1417,	−0,02	0,78	1
2342	800,	1193,	1436,	1,14	−1,97	1*
2343	796,	−258,	837,	1,11	−0,40	4*

P.-Nr.	X	Y	R	μ_x	μ_y	G
2347	807,	227,	838,	−0,05	0,24	3
2366	878,	−1016,	1343,	0,17	0,46	1
2368	903,	711,	1149,	0,14	0,91	1
2387	1057,	−56,	1058,	0,26	0,35	1
2396	1104,	−1355,	1748,	−1,07	−0,81	1*
2397	1094,	−2050,	2324,	0,93	−4,63	1*
2404	1130,	−9,	1130,	0,26	0,30	1
2405	1120,	−1165,	1616,	1,50	0,89	1*
2420	1218,	945,	1542,	−0,86	−1,01	1*
2422	1204,	−2514,	2787,	0,06	0,00	1
2424	1235,	−225,	1256,	−0,87	0,26	1
2425	1222,	−298,	1258,	0,12	0,63	1
2429	1252,	709,	1439,	−1,92	−4,43	1*
2433	1287,	1010,	1636,	1,65	0,24	1*
2442	1375,	−320,	1412,	1,89	2,10	1*
2445	1392,	1446,	2008,	−0,58	−0,12	1
2466	1520,	−1723,	2297,	0,46	0,61	1
2478	1590,	−768,	1766,	0,10	0,47	1
2486	1671,	1783,	1846,	−0,70	0,31	1
2500	1758,	−1003,	2024,	−0,32	0,61	1
2507	1784,	1296,	2205,	0,02	0,44	1
2524	1856,	1632,	2471,	−0,47	0,24	1
2526	1849,	−515,	1920,	0,01	0,14	1
2534	1905,	−1487,	2417,	−4,12	−5,20	1*
2536	1898,	−2229,	2927,	0,08	0,69	1
2545	1970,	−2050,	2843,	0,24	0,01	1
2552	2012,	333,	2039,	−0,21	0,06	1
2564	2076,	1665,	2661,	0,11	0,06	1
2566	2083,	−1758,	2726,	2,82	−1,36	1*
2574	2122,	1956,	2886,	−1,77	−2,75	1*
2575	2128,	1105,	2398,	2,41	−4,18	1*
2587	2187,	−1442,	2620,	0,61	−2,64	1*
2602	2314,	2002,	3060,	−0,39	−0,04	1
2605	2334,	−1563,	2809,	−0,31	0,36	1
2609	2356,	2193,	3219,	−0,09	0,74	1
2610	2364,	1868,	3013,	0,02	−0,26	1
2615	2398,	297,	2416,	1,04	−0,77	1
2616	2393,	−95,	2395,	−0,09	0,10	1
2625	2483,	340,	2506,	1,81	−1,97	1*
2636	2534,	943,	2704,	−0,26	0,15	1

MIX
Papier aus verantwortungsvollen Quellen
Paper from responsible sources
FSC® C105338

If you have any concerns about our products,
you can contact us on
ProductSafety@springernature.com

In case Publisher is established outside the EU,
the EU authorized representative is:
Springer Nature Customer Service Center GmbH
Europaplatz 3, 69115 Heidelberg, Germany

Printed by Libri Plureos GmbH
in Hamburg, Germany